你其实可以更幸福

Happiness

黄俊清 著

中国财富出版社

图书在版编目（CIP）数据

你其实可以更幸福 / 黄俊清著. —北京：中国财富出版社，2018.12
ISBN 978－7－5047－6839－1

Ⅰ.①你… Ⅱ.①黄… Ⅲ.①幸福－通俗读物 Ⅳ.①B82－49

中国版本图书馆 CIP 数据核字（2018）第 290024 号

策划编辑 杨白雪　**责任编辑** 戴海林 杨白雪
责任印制 尚立业　**责任校对** 杨小静　**责任发行** 杨 江

出版发行 中国财富出版社
社　　址 北京市丰台区南四环西路 188 号 5 区 20 楼　**邮政编码** 100070
电　　话 010－52227588 转 2098（发行部）　010－52227588 转 321（总编室）
010－52227588 转 100（读者服务部）　010－52227588 转 305（质检部）
网　　址 http://www.cfpress.com.cn
经　　销 新华书店
印　　刷 北京京都六环印刷厂
书　　号 ISBN 978－7－5047－6839－1/B·0558
开　　本 710mm×1000mm 1/16　**版　　次** 2020 年 6 月第 1 版
印　　张 15.75　**印　　次** 2020 年 6 月第 1 次印刷
字　　数 226 千字　**定　　价** 42.80 元

序

有人说，如今幸福感缺失的罪魁祸首就是房子和车，相当一部分人一辈子都在为买房买车而奋斗，认为拥有房子和车是拥有幸福的第一步。但有那么一群人，他们从物质和名利中跳脱出来，从自我出发，重新定义幸福。

人生在世往往不如意之事十之八九。我认为生活赋予我们坎坷和挫折的意义是让我们重新找回自我，唤回最真实、最简单的自己。

每个人都有自己的生存原则和生活方式，当然我们都希望在自己年轻时不会迷茫，能够顺利找到属于自己的生活或生存意义。可即便是一时迷茫，也无须苦恼。世界很大，我们也还年轻，还有很多机会可以尝试，放开执念，多看、多思考，或许幸福就在不远处向我们招手。

大多数所谓的幸福都被压抑着，我们要做的是将它们找回来，不要沉浸在“想当年”，也不要深究那些是与非。抛去杂念，忘记痛苦，才能找寻到最本质的幸福。

人简单了，世界就简单了，有些时候，越简单反而越能让人拥有更多的快乐，遇见更多、更美好的事物。“内存”满了就删，舍得舍不得的，都来一场告别，知足才能常乐，懂得取舍才能更幸福。你幸福了，如果能带动大家一起幸福，那就更幸福了，这其中的纽带就是感恩。感恩给你传道授业解惑的老师；感恩为你雪中送炭的朋友；感恩购买了你的产品的客户……感恩每一个帮助过你的人，让幸福在生活中传播开来。

一个偶然的机会，我认识了黄俊清老师。他在幸福之道讲座课上对于“幸福”的讲解，让我产生了很多共鸣。多年来，他在探索幸福的道路上默默耕耘，并将自己关于幸福的理解分享给学员，让众多学员得到启迪，也让在生活中感到迷茫的人找到了属于自己的幸福之道。

今闻他将自己对于幸福的理解写成书，并邀我为他作序，我欣然同意。因为我觉得这是一件非常有意义的事情。在《你其实可以更幸福》一书中，黄俊清老师从幸福感缺失的原因开始分析，对幸福到底是什么娓娓道来。并且黄俊清老师将他所喜爱并且正在推广的中华文化与他对幸福的理解巧妙地联系在一起，让读者在体会幸福之道的同时，也能感受到古人的智慧对于当代幸福观的指导意义。

《你其实可以更幸福》是一本关于幸福的百科全书，是当下浮躁社会的幸福“圣经”，只要你潜下心来阅读便能体会到其中的深意。

深圳市传统文化研究会会长吴亦新博士

2020 年 1 月

前 言

我经常会收到学员的问候，“黄老师，您这样拼命累吗？您觉得值得吗？”

若说不累肯定是假的，但是累并快乐着。我如今受的“累”，是在为自己的理想而奋斗，为实现更美好的自己而奋斗。我努力，不是为了讨好世界，而是为了让自己过得更幸福。

经常有人说：“如果不是因为家庭和孩子，我应该可以过得更好。”

也有人说：“正是因为家庭和孩子，我才会变得更好。”

我想，我属于后者。我想过自己向往的生活，保护自己在乎的人，所以要让自己变得更强大，更美好。一想到这些，我便觉得怎样辛苦都是值得的。

与其说我写这本书是为了教读者懂得幸福之道，还不如说是为了记录我的心路历程。书中我并没有讲什么大道理，只是把我的一些经历以及周围一些朋友的故事讲给大家听。就像此时，窗外桃香阵阵，暖风习习，我们促膝长谈，一杯清茶，二两闲话，起身之后，可以互带暖意离开。

“你其实可以很幸福，你其实可以更幸福。”我特别喜欢这句话。我并不是一个十足的乐观主义者，但我依然想过简单而又温暖的生活。比如每天读着学员们的微信，向他们传授幸福之道；和妻子一起做饭，和孩子一起踏青、赏花。阳光刚好，幸福也刚刚好。

诚然，我们想要且更想要获得幸福，这必须依靠两个重要的条件：外界环境和自身条件。本书主要从自身条件出发，探讨实现幸福的秘诀。很多人都觉得自己不幸福，他们带着深沉、忧伤的腔调去阐释：“幸福是一项十分复杂的工程。”

我从来不认为幸福是一件不可捉摸的事情。那些认为幸福“深不可测”的人，在不知不觉间给自己蒙上了一层面纱，结果离幸福越来越远。

日常生活中的衣、食、住、行简单却重要。对于普通人来说，这些东西无论少了哪一样，生活都不完整，幸福也会出现缺憾。然而，如果一个人同时拥有这些东西，但是仍然感到不幸福，那只能说明自己出了问题，而问题可以从我给出的幸福之道里找到答案。

在这本书中，我一直以一个幸福的人的身份在写作。在我的书里，有努力奋进的年轻小伙子，他们会告诉您如何找寻生命的意义；也有能力一般的姑娘，她们会告诉您如何拥有自信；也有事业有成的中年男人，他们会告诉您如何照看好生命；更有平凡的家庭主妇，整天锅边灶台，一颗心若不够沉静坚韧，又怎能真正地与生活温暖相拥？现实很艰难，但幸福的美好也不是可望而不可即，你温柔地对待这世界，世界也会温柔地对待你……

相信通过本书的阅读，您会获得诸多启悟，让您的心灵在不断升华之中获得属于自己的幸福。愿本书能给予您的幸福之路一些帮助。

人生有无数种可能性。柴米油盐是一种生活，丈量世界也是一种生活。我们不能说哪种生活更有意义，毕竟哪种生活更能让您的内心感到满足，才是最重要的。

到广东之后，我在街头摆过地摊。每天，当我把一些小物件摆在天桥底下时，都会看到很多像我一样摆地摊的人为了抢地段大打出手。我不愿意与他们相争，就坐在角落里，每天卖出的小物件少得可怜。在摆地摊时，我看见了太多不堪的事情，有的人为了多挣钱而缺斤短两；有的人把自己用过的东西又直接拿出来卖……

如今回想起来，是什么支持我度过那段清苦寂寞的时光呢？大概是信念吧。我觉得，在这个世界上，能让人感到温暖的，除了漂亮的衣服、温馨的家庭，还有心底的爱和信念。

十年前，我在邮局订了一份杂志，希望有一天能在杂志上看到自己的文章，哪怕只是豆腐块大小的版面。五年前，我在书店里翻阅一本本书，特别希望有一天在书店里也能看到自己写的书。而现在，我希望可以向人们传授幸福之道，一直到老。

“你其实可以很幸福，你其实可以更幸福。”

这句话一直是我的手机壁纸，陪伴我度过了近十年的幸福时光。为了让更多的人获得幸福，我利用工作和日常生活的闲暇时间完成了这本书，并且我用这句话的后半句作为本书的书名，希望能把这种正能量和启迪，传授给更多的人。

我也希望有一天，你可以坐在花影斑驳的院子里，一杯清茶，一本好书，享受安静的午后。

唯愿幸福与你，一直都在。

作　者

2020 年 1 月

目　录

第1章 为什么你总感觉不幸福

——幸福感缺失的七大诱因

我们为什么感觉不幸福？幸福，究竟离我们有多遥远？很多人穷尽一生都在追寻幸福，却从未真正拥有过幸福。要想获得幸福，首先要找出我们身上不幸福的根源，这样才能及时、有针对性地调整心态，更好地获得幸福。根据多年对“幸福之道”的研究，我总结出现今大多数人感觉自己不幸福的原因是对金钱的欲望强、工作压力大、攀比心强、缺失信仰、具有消极心理。或许你还没有找到感觉自己不幸福的根源，没关系，我们一起打开本书吧。

01. 贫穷并不能斩断一个人幸福的所有可能

当谈到贫穷时，大多数人脑海中的第一反应就是“缺钱花”。但是事实上，贫穷不仅仅是金钱的缺乏，更是一种心态、毅力和行动力的缺乏。很多人之所以感觉自己不幸福，往往不是因为贫穷本身，而是因为甘于贫穷的心态导致懒惰、思维僵化、自甘平庸。只有将“安于现状”几个字从头脑中彻底删除，才能不断进取，摆脱平庸，拥有幸福。

我曾在论坛上看到过一篇名为《寒门再难出贵子》的文章，大概是说如今的社会，出身“寒门”的人，想要出人头地，获得幸福，比父辈更难了。我们不得不承认，这个世界是存在一些差异的，有的人一出生就含着金汤匙，有的人一出生就没了父母，人生起点的差异实在是太大了。

格雷戈·富兰克林在他的书里写过这样一句话，让人记忆深刻：

> “一个人如果意志坚定，贫穷恰好能够成为其成功的一种更强的催化剂。”

富兰克林曾回忆自己的学生时代，并用自己的经历对这句话进行了诠释。

那是阳光明媚的一天，富兰克林穿着自己最喜欢的一件衬衫，高兴地上学去了。在课上，老师让富兰克林上讲台做实验，他信心十足地走上讲台，正当他拿起解剖刀准备做实验时，一个不和谐的声音从教室后面传来：“那件衬衣是我爸爸的，他妈妈是我家的佣人，她从给救济站的口袋里拿走了那件衬衣。”

此时，班里同学的目光都聚集在富兰克林的衬衫上。他仿佛被施了魔咒一样，一动不动地站在讲台上，大脑一片空白。

老师催促富兰克林开始做实验，但他就是不动。过了很久，老师对他说："行了，你回到座位上吧，你的实验成绩不及格。"

富兰克林尴尬地回到座位上，同学的羞辱让他十分难堪。回家以后，他就把那件衬衫塞到衣柜的最下面，再也不打算穿了。

第二天，老师又给了富兰克林一次做实验的机会，这次他的实验做得很顺利。当富兰克林准备转身离开的时候，老师对他说："你认为只有你不得不穿别人穿过的衣服，是吗？你认为只有你是从贫穷中长大的人，是吗？"

富兰克林用十分肯定的语气回答："没错！"

放学后，老师把富兰克林叫到办公室跟他讲了自己上学时候的故事："我毕业的时候，因为家里穷，买不起一件像样的礼服和一顶像样的帽子。那个时候，我每天都穿同样的衣服，同学们每天都嘲笑我。"

"富兰克林，你在课堂上被人嘲笑，我非常理解你的感受。但是有一点你要知道，你非常优秀，老师相信你！"

富兰克林非常感动，两眼满含泪水。

后来，富兰克林通过自己的努力竞选了学生会主席，这位老师成为他的指导顾问。

富兰克林曾在一篇文章中写道：

> "我们都是一样的，虽然我们有不同的经历、不同的背景，但是我们都希望生活快乐，都希望追求生活中更美好的事情。"

我们大部分人都不是出身"豪门"，或来自偏远的小山村，或来自城市的底层。虽然命运给了我们一个比别人低的起点，但是我们可以用自己的一生去奋斗出一个"绝地反击"的故事。

所以，当我们面临人生的困境时，不能把所有的原因都归咎于自己的贫穷，更不能去抱怨父母能力有限。毕竟贫穷并不能斩断一个人幸福的所有可能。

无论是在授课时，还是在与朋友的聊天中，我经常听到有人说："我这辈子就这样了，还能怎么办呢?"说出这番话的人多半已经被宿命论侵蚀了头脑，他们觉得生死有命，富贵在天。与其说他们相信宿命，不如说他们是安于现状，不愿打拼。也许看到别人富有，他们会心生羡慕甚至嫉妒，但想到每天要早起晚睡，累死累活，就打起退堂鼓。

"我这辈子就这样了"这句话其实是一种自我麻醉，这是一种典型的懒惰心态。洛克菲勒曾经说过：假如我忽然倾家荡产，把我身无分文地扔在沙漠里，只要有一骆驼商队路过，我加入进去，用不了几年，我又是一个百万富翁。——没办法，我就是这样的人。

我们没办法选择自己的出身，但是也不能因为贫穷就觉得自己低人一等，不求上进。只要我们咬牙挺过黑暗，幸福的黎明就在不远的前方。

黄老师的幸福之道

我们常说命运，但命是命，运是运。古语有云："命由天定，运由己生。"这就表示"命"是与生俱来的，而"运"则是一个人一生的行程，是后天自行努力的结果。一个人无法决定自己的"出身"，但可以靠自己的努力去创造美好的生活。具体来说，我们要做到以下三点。

（1）早立志，早落实，早奋斗，早实现

仅仅嘴上说“我要奋斗”，是起不到任何作用的，我们不能做语言的巨人，行动的矮子。聪明的“穷人”懂得未雨绸缪，只有摆正心态，积极行动，逐步完成小目标、大目标，才能实现自己的梦想。

（2）直面贫穷，不认命

命运掌握在自己手中，我们可以接受贫穷，但不能认命，要一把扼住命运的咽喉，自己的人生自己做主。

（3）不抱怨自己的出身

有些人为了满足虚荣心，刻意掩盖自己的经济状况，这是一种自卑的表现。我们应该直面自己的实际状况，用目前的贫穷鞭策自己，努力工作、艰苦奋斗。如果你一直自怨自艾，怨天尤人，那么离幸福会越来越远。

02. 诱惑如同一把高悬于头的利剑

我们生活在一个极具诱惑力的年代，权力、金钱、美色如同一把把利剑高悬于我们的头上。很多人的心里会塞满欲望和奢求，想要穿高档名牌，吃山珍海味，住乡间别墅，开豪华名车……一切日常活动都被欲望所支配。

如果说欲望是人们心中时隐时现的一棵树，那么诱惑则是这棵树上结出的外表美丽、色泽鲜艳的果实。然而果实越饱满，毒性就越大。

我的一个学员曾经是一家上市公司的采购经理，理工科出身的他严谨理性、办事沉稳、工作认真细致，很受老板的器重。他有一个贤惠的妻子和一双聪明可爱的儿女。可以说，他是一个幸福的人。

因为工作岗位的关系，找他办事的人很多，送钱财、请吃喝。无论是用哪种手段和他拉关系，他都一概回绝，因此，外界戏说他长了个油盐不进的“榆木脑袋”。

后来，求他办事的人终于找到了突破口——他对收集字画很痴迷，在那些绝品、真品的诱惑下，欲望慢慢突破他心底的“廉洁公正”防线，他变得毫无拒绝之力。

渐渐地，从收字画、收礼品，再到收红包，这名采购经理就这样一步步沦陷了。结局自然是非常惨痛的，他不仅丢掉了工作、被行业列进了黑名单，曾经温馨的家庭也因此而支离破碎。幸福就这样离他远去。

生活中处处都有诱惑，有些人因为不能控制自己的欲望铤而走险、以身试法，最后失去自由，甚至丢掉性命。有多少贫贱夫妻共同拼搏，在幸福生活来临的时候却因贪恋美色而人财两空、妻离子散。有多少公职人员过不了金钱关，在工作岗位上渎职违法，使自己变成了阶下囚。还有些财迷心窍的人，为了金钱偷窃、抢劫，扰乱社会秩序，也葬送了自己的人生。

诱惑，能以各种方式让我们神魂颠倒，当不知不觉变成诱惑的俘虏时，就会陷入美丽而又危险的深潭之中，无法自拔。所以，我们只有保持清醒的认知和判断，控制自己的欲望，以坚强的意识警醒自己不被它诱骗，才能有效地抵制诱惑，而学会抵制诱惑也是走向幸福必须掌握的能力。

黄老师的幸福之道

关于如何抵制诱惑，经过多年的总结和归纳，以下三个方法行之有效。

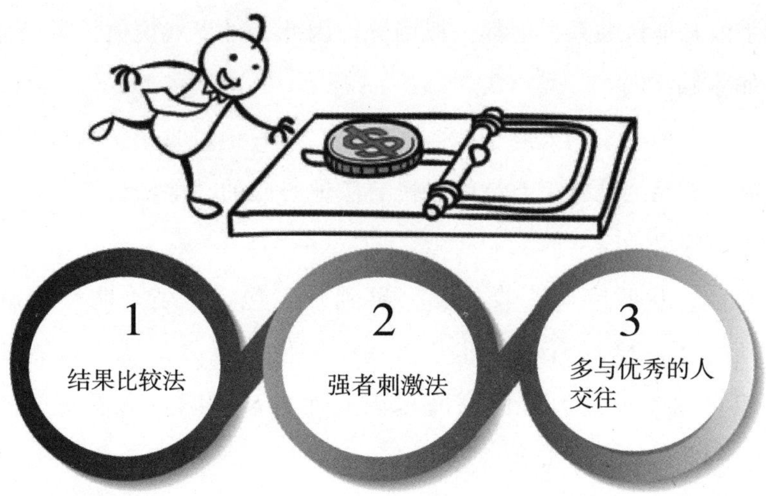

（1）结果比较法

在面对诱惑时，我们不妨静下心来，认真分析一下：如果我们把心思放在正道上，即抵制诱惑，我们会获得什么；反之，如果我们把心思放在诱惑上，我们会面临什么样的后果。对比的时候我们可以在一张白纸上画出优劣势分析表，这样有助于我们正确认识诱惑的危害。

（2）强者刺激法

强者刺激法需要我们选定几个成功的、自律的代表人士，例如：比尔·盖茨、戴尔·卡耐基、李开复等。收集他们在面对诱惑时的处事方法，学习他们经营人生的方式，从中提炼出智慧的经验，写在纸上，挂在墙上，每天强化自己的意识，激励自己做正确的事。长此以往，就会在不知不觉中学会抵制诱惑，坚定信仰。

（3）多与优秀的人交往

多与成功人士、优秀人士和比我们强的竞争对手交往。这个效果比把他们的智慧挂在墙上更有效，因为在与他们交往的同时，相当于在看这些人做亲身示范。这样不但激励我们自制，还能教我们如何自制。从他们身上，可以学到好习惯，同时扼制坏习惯。

幸福智慧

《国语·晋语八》有云："欲壑难填。"意思是说，欲望像深谷一样，很难填满。《三国演义》中，曹操称赞关羽"财贿不以动其心，爵禄不以移其志"。意思是说，金银财物不能动摇我们的心神，爵位俸禄不能转移我们的志向。这就要求我们面对诱惑时，一要有"免疫力"，二要有"抵抗力"，三要有"鉴别力"。但是，当我们真正面对诱惑的时候，真正能做到以上三点，保持心如止水并非易事。这就要求我们树立正确的人生观、世界观和价值观，遵循做人的道德准则。

03. 信仰缺失，不知为何而活

现在有很多文章称，信仰缺失削弱了中国人的幸福感。在很多论坛、报纸、微博中，很多学者、心理学家、哲学家都在批判同一个问题：信仰缺失。

科学家认为信仰是指对某种主张、主义、宗教或对某人、某物的信奉和尊敬。

多年研究幸福之道的我，对信仰有着不一样的理解。我认为，信仰是一种强烈的信念，它是我们坚信的事物。

对于当下的许多人来说，信仰是个"高大上"的词，它被青少年留在书本里，置于高台之上，人们敬而远之，远而望之。于是，信仰变得陌生。

当我在课堂中问学员们对于信仰有什么样的看法时，有的学员说信仰不重要，生活要轻松一些，不要那么累，我的生命里不能承受那么多沉重。于是，信仰，变得轻飘。

有的学员说，钱、车子、房子就是我的信仰。升职加薪、攀青云梯、获得名利就是我的追求。于是，信仰变得现实。

小时候，父母和老师都会问我们：“你长大了想做什么呢?”我们通常会给出这样的回答：“当医生、科学家、发明家……”。令人感到震撼的是，如今，我在课堂上问孩子：“你长大了想做什么呢?”很多孩子会争先恐后地告诉我：“当明星、CEO（首席执行官）、第二个马云……”但我们的国家之所以发展如此之快，离不开军人、科学家、工人、农民、教师的奉献。

如果一个时代，大家都被这些所谓的“成功”压抑着，那么，我们要如何幸福？如果一个时代，连青少年都没有正确的人生观和价值观，那么，未来的他们又要如何幸福？

黄老师的幸福之道

人们的人生观和价值观，决定了未来整个社会的价值取向。正确定位我们的精神坐标，坚守我们的道德底线，指引我们的人生方向，才能真正找到属于我们的幸福。

通过多年对幸福之道的研究，我总结出最有效的三种树立信仰的方法。

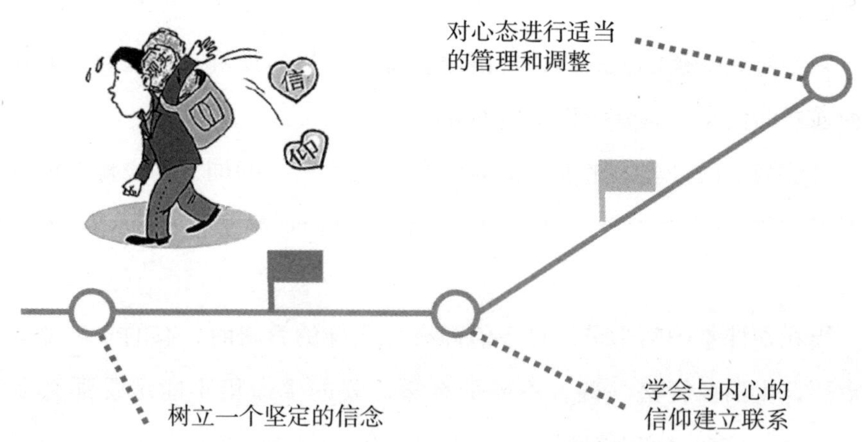

（1）树立一个坚定的信念

我们应该树立起一个坚定的信念，让这个信念指引我们前进，最大限度地实现自我价值。

（2）学会与内心的信仰建立联系

幸福的法则就是信仰的法则。信仰会牵制我们的思想和行动，当我们知道自己有所为和有所不为后，就学会了让信仰成为自己所期待的幸福的化身。

（3）对心态进行适当的管理和调整

作为一种精神能量，信念能够让人保持良好的心态和坚强的意志力。如果我们能够在生活中树立稳固不变的信念，对心态进行适当的管理和调整，不仅能够弥补自身的缺陷和弱点，还能充分发挥长处，取得令人瞩目的成就，获得成功和幸福。

幸福智慧

孔子云："德之不厚，行之不远。"德厚，就是有修养、有境界、有原则、有情感、有高远的理想、有博大的胸怀，而不是鼠目寸光、患得患失、自私自利、唯利是图。有的人在事业发展上停滞不前，有的人甚至刚坐到某个位置就栽了跟头，一个重要原因就是缺乏大气象、大境界，不注重厚德慎行。

一个人有信仰、有追求则大不一样，能绕开世俗的纷扰，不为名利所羁绊，倾心事业，利在人民，稳稳当当，合乎法度，不断创新超越，因而在事业的道路上必然走得很远，实现人生大作为。

04. 是否具有乐观的心理决定幸福与否

在此，我讲一个我母亲的故事：

我的母亲总说自己是一个幸福的人，事实上她是一个历经沧桑的人。母亲38岁那年，父亲得了大病，这使得本来就在风雨中飘零的家雪上加霜。后来，由于没钱医治，父亲留下一贫如洗的家和7个尚且年幼的孩子便永远地离开了我们。那时我家的生活是衣不遮体、食不果腹，母亲一个弱女子是如何把年仅两岁的我和尚且年幼的哥哥姐姐们抚养长大的，其中的艰辛可以想象。

然而，命运没有停止它的残酷。在我3岁那年，由于积劳成疾，母亲也生了一场大病，当时家里的条件根本不允许母亲就医。当时的母亲整日在床上痛苦地挣扎着，连呼出来的气都是冰冷的。望着身边的7个孩子，想起对父亲的那份承诺，母亲决定无论如何也要活下去。

母亲慢慢走下床，一边去外婆家寻求帮助，一边去山里挖一些据说可以治愈自己疾病的草药，后来，母亲的病竟奇迹般地好了……

母亲每每跟我讲起当年的苦难经历，微笑中总是带着一份感恩，感恩当年对父亲的那份承诺，一直给她无穷的力量把我们抚养长大。如今，走过近80个春秋的母亲，看着子女们都成家立业，生活得幸福快乐，她总是充满眷恋地说道："这个世界多美好啊，我还要多活几十个春秋……"

母亲的这句话让我感动至深。她饱尝了人世的残酷与不幸，但她依然说自己是幸福的，相信世界是美好的。我相信天下还有很多母亲同我的母亲一样坚强和伟大，虽然饱经磨难却依然可以感受到幸福，可是，为什么生活中的我们遭遇的苦难远没有那么多，我们却感到不幸福呢？

其实，幸福或者不幸福与我们关注什么密切相关。我的母亲关注着事物积极的、美好的一面，因此即使她经历了那样的沧桑岁月，却仍然可以感受到幸福。

通俗地说，幸福与否和乐观与否息息相关。在现实生活中，按照心理状态倾向，我们可以将人分为两种——乐观者和悲观者。

二者之间的差异恰如光明与黑暗之间的差异，他们遵循各自的轨迹，却也并不相悖。就二者各自的观点而言，他们都有一定的道理，然而却由此造成了不同的生活状态。他们对待生活的态度决定了他们生活得积极与否，决定了他们的人生幸福与否。

乐观者往往看待问题很全面，这也是一种获得幸福与成功的心理能力，而悲观者在看问题时，往往存在一定的局限性和片面性。

这两种人都是通过自己的内心来构建自己的世界的，只是由于他们各自态度的不同而使得他们构建的生活有了天壤之别：

- 乐观者能够凭借自身的智慧与见解构建自己的美丽天堂，他们为自己构建生活的过程，就是感受幸福、构建成功的过程。

- 悲观者则由于自身的局限性，使自己不自觉地深陷阴暗之中，饱受各种负面心理状态的煎熬。

幸福其实就像我的母亲所诠释的那样："你是否快乐或幸福，不完全取决于你得到了什么，更多地取决于你关注的是什么，用心去感受到的是什么。"

黄老师的幸福之道

渴望得到幸福就要学会：无论生活再困苦，也要笃定自己的信念，不忘初心。人际关系再不如意也要保持善心、善念、善行。用积极的心态关注事物的焦点，成功与幸福就在你所关注的地方，如同我的母亲一样乐观地生活、乐观地看待世界，让乐观成为一种心理本能，这样我们才能成就属于我们的幸福。具体地说，建议从以下这些方面来努力。

（1）多与拥有积极心态的人相处

积极的心态是具有传染性的，要多与拥有积极心态的人相处。不要把时间都耗在人我是非上，多用来品味生活、与亲友交谈，这会让你的工作与生活充满热情和喜悦。

（2）换一种积极愉快的方式来说话

比如，要说“上了一天的班，现在可以休息了，真幸福”，而不是说“这一天快累死了，真悲哀”；要说“这是上天对我的考验，我一定要积极面对”，而不是说“我怎么这么倒霉”……

（3）珍爱自己的生命

世界上再没有比生命更可贵的东西了。千万不要以为停止了呼吸，就得到了解脱，毕竟这是没有被实践证明过的事情。但是，活着却可以让一切有所改变，才有机会渡过难关，这是被无数人通过无数次的实践证明过的真理。

幸福智慧

《道德经》里说：“天道无亲，常与善人。”“道”是自然规律，是天地宇宙的根本，万事万物之根蒂，生育万物，蕴含一切；“道”是德的属性，德为道的显化，仁善是积德的路径。因此，“道”没有亲疏之分，公平对待万物，平等对待每一个人，为人处世只要以仁慈善良为准则，顺应自然规律，道自然为之助力。

05. 幸福是知足

常常听人说“知足者常乐”，说得多了，这句话就好像变成了一句口号。在满是欲望和诱惑的年代，“知足”变得尤为困难，它可能是很多人一辈子都无法企及的幸福所在。

说到这里，我想起了两年前在深圳第三人民医院住院的时候，听医生讲述的一个他朋友的真实经历。

医生的这位朋友也曾有过成功的事业和幸福的家庭，他事业刚起步的时候，只是个小小的销售员，凭借自己吃苦耐劳、勤勤恳恳的劲头，获得了现在的一切，有车有房，还有了家庭。有一天下班回到家，他忽然觉得特别累，他意识到自己对现在的生活十分厌倦，于是，他对妻子说："亲爱的，你看我们现在房子、车子都有了，存款也比较充足，我想辞职休整一年，然后找个轻松点儿的工作，以后在家多陪陪你，怎么样？"

没想到，妻子翻了一个白眼道："一个男人，不想着怎么把事业越做越大，整天不思进取，真没追求，这点儿钱你就满足了？我以后还能指望你吗？"

妻子的话深深地刺激了他，他觉得很受打击。我们活着到底是为了什么？就为了金钱吗？就为了满足自己的欲望吗？

然而，命运总爱跟人开玩笑。还没等他的事业更上一层楼，他就倒下了。身体越来越消瘦，时常觉得胸闷，脸色也很难看。他决定去做一次体检，体检结果让他震惊——肝癌。他一下摔坐在凳子上，医生安慰他说："注意控制情绪，好好调理，心情畅快很重要。"

拖着沉重的脚步回到家中，他瘫坐在沙发上，忽然发现房子变得特别狭小，妻子也成了熟悉的陌生人，他变得沉默寡言，经常看着天空发呆：自己没机会了，什么金钱，什么创业，什么职位，都没有意义了。后来这位医生到他家去看望他的时候，他用凹陷的双眼看着医生，绝望地说："我要是坚持自己当时的想法，早点知足该多好，贪心毁了我。"

其实，生命中有很多我们不能承受之重。幸福也是一样，幸福就像一根皮筋，我们的欲望越大，皮筋的尺度就越大。假如我们渴望得越来越多，这根皮筋就永远都没有限度，久而久之，皮筋会因为不堪重负而崩断。对于一个知足的人来说，就算食不果腹，也能从觅食的过程中找到快乐。但对于贪婪的人来说，就算家里堆着金山银山，他也会惦记着远处的矿山。

德国哲学家叔本华说过这样一句话：

“人们很少想到他们拥有些什么，但是却常常想到比别人少了些什么。”

人的一生要追求的东西太多，何时才是尽头？想要生活过得轻松自在，就要学会知足。假如我们一直不满足于现状，一味地追求那些虚无缥缈的事情，只会让人身心俱疲。

2008 年汶川大地震时，我在新闻上曾经看到过这样一段采访：一个中年男人在废墟下等待了 8 天之后，终于获救。后来有记者采访他：“你从这次死亡之旅中收获了什么？”他面带微笑，缓缓说道：“当你和死神擦肩而过之后，渴了就有水喝，饿了就有饭吃，困了就有床睡，是一件非常幸福的事情。”

是啊，幸福不是拥有的越来越多，而是懂得珍惜当下的一切。当我们感激我们得到的一切，就很容易感到幸福。

在课堂上有一位学员分享了一个小故事：在他家乡的小镇上有一家商店，老板在这个镇上居住了 40 年，已年近花甲。由于他待人热情，为人和善，镇上的居民都爱到他这儿来买东西，因此，他的店一直生意兴隆。

随着时间的推移，小店的规模越来越大，商品的种类越来越丰富，顾客也越来越多。但是老人依然固执地坚持用以前的记账方式，账目经常出错。大家都劝老人买一台电子结账机，可他就是不愿意。

翻着父亲厚厚的账本，儿子非常心疼，问父亲：“爸爸，你还是改一下记账的方法吧，账记得清楚一点，不怕亏本。”

老人听了儿子的话，笑了："账不用算，即使记得不清楚，我心里也有数。"儿子听完依旧一头雾水："那您平时怎么知道挣了多少钱呢？"

老人说："我小时候生活非常艰苦，家在农村，只能自给自足。我的父亲去世的时候，只给我留下了一双黑布鞋和一条蓝布裤子。之后，我就离开了农村，来到这个镇上。我努力工作养活自己，终于存够了钱开了这家小商店，后来和你妈妈结婚，接着有了你和你妹妹。和我小时候相比，现在的生活已经好了无数倍，我很满足。因此，我的利润很简单，我用现在的一切，减去当时的黑布鞋和蓝布裤子，不论收入是多少，我都赚到了。"

实际上，生活就是个不断充实自己的过程。回首自己走过的路，不仅仅是得失输赢，沿途美好的风景，也是收获。我们不应该放宽心好好享受这一路灿烂吗？可偏偏有人把大好的时光放在过分追求荣华富贵上。

拿破仑用一生征服了欧洲大部分领土，拥有着至高无上的权力，拥有花不完的金钱，然而他却感叹这一生没有一天过得幸福。海伦·凯勒虽然失明失聪，但她总是笑对一切，写下《假如给我三天光明》，激励着人们努力前进。

因此，我们的心境如何，决定我们是否幸福。我们有太多幸福的理由，赶公交车刚好有座位，今天早上买的包子好像比昨天好吃，终于买到了回家的火车票，甚至，仅仅是因为今天天气很好。只要我们稍稍降低幸福的标准，去掉身上的包袱，必定会柳暗花明又一村。

知足者常乐，心宽福自来，当你将幸福的标准定在自己踮起脚就可以够得着的地方，那么你的福气就真的到来了。

黄老师的幸福之道

俗话说："人心不足蛇吞象。"欲望谁都有，但我们应该放下内心的欲望，懂得满足，这不仅是一种时尚，也是一种生活方式，能让人感受到最纯粹的幸福。可有些人把自己幸福的一生葬送在了贪欲的手中。

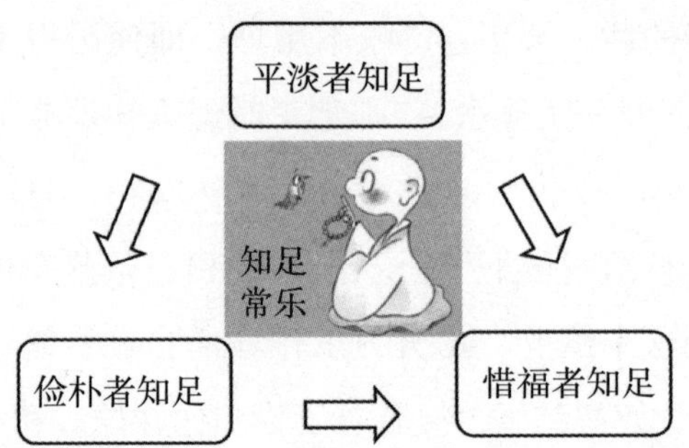

（1）平淡者知足

我们大部分烦恼不是因为拥有的太少，而是想要的太多。《庄子》中有一句话：“其嗜欲深者，其天机浅。”意思就是，一个人的欲望太大，他的智慧和灵性就会减少。因此，我们要减少思虑，用平淡的心境面对生活。但是，平淡生活并不代表安于现状，不思进取，而是要用平淡的心态积极面对人生。

（2）俭朴者知足

俭朴生活，并不是让人过苦行僧般的生活，而是让人在物质上不要有太多的欲望。俭朴的生活能让人的内心感到十分充实。在物欲横流的社会，我们应该控制自己的欲望和虚荣，以便得到真正的幸福。

（3）惜福者知足

当有人抱怨自己生活不如意的时候，我们总爱说他们“身在福中不知福”。不管是富可敌国，还是清贫度日，能够看得到每天的日出日落，就是一种福气。世界这么大，一定有人过得比我们更辛苦，我们要珍惜已有的福气，不要浪费任何一份福气，人生才会变得有意义。

幸福智慧

《道德经》里说：“罪莫大于可欲，祸莫大于不知足，咎莫大于欲得。故知足之足，常足矣。”罪过没有比行私纵欲更为严重的，祸患没有比贪得无厌更为严重的，灾难没有比贪欲所得更为惨痛的。所以说懂得知足知止而心无贪求，才能经常适可而满足。

06. 越攀比，越不幸福

在我的身边，我总是能发现这样一种现象：上学时，比成绩；长大后，比工作；成家了，比爱人；当父母了，比孩子；年老了，比身体……总之，我们的一生好像都活在攀比之中。这种攀比就像一把双刃剑，积极的人把它变成了进步的动力，消极的人却因此失望颓废，甚至因为嫉妒去报复那些在他眼中的强者。

欲望的沟壑是无穷的，我们总会发现别人拥有的正好是我们所缺失的，因为没有得到所以我们感觉很美好，充满了期待。但如果给我们一个机会让我们得到它，片刻的欢愉后，我们就会发现它没有我们想象的那般好，最终得到一个不过如此的结论。

曾经在天涯论坛上看过一个关于“你为什么不幸福”的调查，结果被顶的最多的看法是这段电影台词：

> “我饿了，看见别人手里拿个肉包子，他就比我幸福；我冷了，看见别人穿了件厚棉袄，他就比我幸福；我想上茅房，就一个坑，他蹲那了，他就比我幸福；我生病了，躺在病床上，看着健康的人活蹦乱跳，他就比我幸福。”

这个调查说明了人的幸福感取决于和别人的比较。但通过我这么多年对传统文化的实践和幸福之道的研究，我发现：你越喜欢跟别人比较，就越不幸福。

我有一个特别爱攀比的朋友，他在一家跨国企业做商务助理，因为工作接触了很多高端客户。这使原本朴素的他开始模仿、攀比，从比名牌到比奢侈品，最夸张的一次为了买一个限量版的手包，他竟然用信用卡透支消费，一次性花掉 10 多万元，这可是他半年的收入。尽管外企待遇还不错，但哪里经得起他这样疯狂的透支。不到两年，他已负债累累，被多家银行列入黑名单。虽然他外表光鲜，内心却无比恐慌。因为攀比，他不仅失去了原本平静的生活，还身陷无法满足欲望的失落中。

其实，“比”字在中国文字里是最残忍的汉字，我对“比”字的理解是：两把匕首并肩走，左边的隐藏，但暗藏杀机；右边的直接亮出来，让人不寒而栗。

现实中，“比”这件事最残酷，它可以比掉人的自信，比掉人的幸福感。甚至因攀比不过而心生嫉恨，产生邪念。

事实是，我们往往只看到别人的收入，却没看到他日夜艰辛的操劳；我们羡慕别人说走就走的自由，却不知道他为了这份自由付出了多少代价；我们向往别人轻松的生活状态，却忽略了他人背后为此付出的努力……因此，我们何必左顾右盼比掉了幸福，又何苦东张西望比没了快乐。驻足回首，其实我们也是许多人羡慕的对象。

有一次聚会时，大家落座后，都纷纷开始秀事业、秀地位、秀豪车、秀房产、秀情人。在一群珠光宝气的女生中，唯独我的一个女性朋友素面朝天，返璞归真。这位朋友和她老公是大学同学，双方都来自农村，他们在这个城市里打拼多年，两年前终于贷款在郊区买了套两居室的房子。朋友的老公去年因为企业倒闭，只好出来开出租车，天天早出晚归。在谈论自己的现状时，她脸上一直挂着甜甜的微笑，说自己对未来的生活充满信心，老公虽然辛苦但他很勤劳为人也很好，很多客人都定点找他包车，收入还可以，自己的工作也很开心，孩子上初中了特别听话、懂事，并且成绩也不错。

聚会还没散场，她的老公就前来接她，拎包、披外套，无微不至地照顾她。那次喧闹的聚会，她是唯一获得真诚掌声的人。她把握住了自己的幸福，因为她没有攀比的自卑，更没有攀比的虚荣，她赢得了大家的尊重。

对于攀比，通过多年的研究和查阅相关资料，我发现有着攀比心的人之所以不幸福，有以下两方面的原因：

一是不幸福的人的自信心和快乐取决于和别人的比较。不幸福的人在做完一件事后，对自己的表现能力取决于别人的评价。当别人做得不如自己时，便会沾沾自喜状似幸福；但当别人做得比自己好时，自信心和快乐就会瞬间倒塌，陷入自卑中，变得烦躁。

二是不幸福的人对事情的看法也取决于和别人的比较。对于某一件事，如果别人做得比自己好，不幸福的人就会不再喜欢做这件事；如果别人做得比自己差，那么不幸福的人就会非常喜欢做这件事。

综合这两个表现，可以很好地说明：幸福和攀比心之间存在相关性，越幸福的人，越少跟别人比较；反过来，攀比心越强的人，越不幸福。

诚然，攀比心能让你在超越别人时得到片刻的幸福。但这种幸福稍纵即逝，强中自有强中手，我们登上了这个平台，还会有更高的平台。如果我们整天带着攀比心上路，就会发现自己永远处在金字塔的底端。

黄老师的幸福之道

如果你想获得幸福，请不要去做无意义的攀比，他就像两把匕首会宰割你的幸福。其实，幸福不在别人的眼里，而在你的心里。对于如何剔除我们的攀比心，我归纳出以下三个技巧。

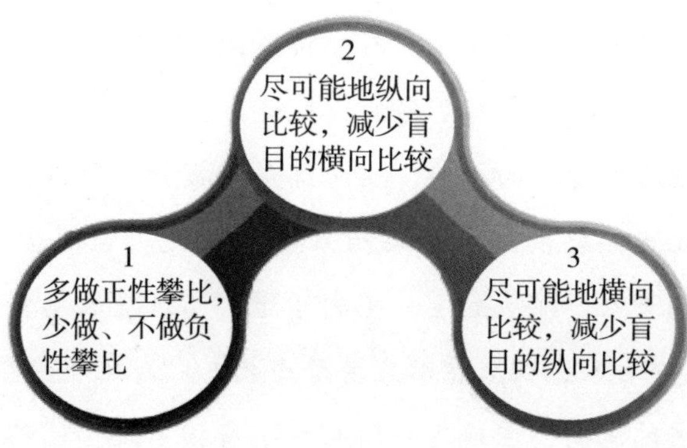

（1）多做正性攀比，少做、不做负性攀比

让攀比变成竞争的动力，促使我们更加努力，而不是通过攀比让自己更加沉沦。

（2）尽可能地纵向比较，减少盲目的横向比较

所谓纵向比较，是说我们可以和自己的昨天比较，看看我们是否有什么进步，这样的比较可以帮助我们树立进取的信心，而不是盲目地用自己的缺点去和别人的优点相比较。

（3）尽可能地横向比较，减少盲目的纵向比较

所谓横向比较，是说我们与其他人比较，找到我们身上的缺点并改正过来。这是正确的横向比较。但在现实中，我们经常会陷入盲目的横向比较，就是和其他人比较吃、穿、住、行这些物质方面的优劣，这是我们应该禁止的。

幸福智慧

过去的时代精英、风云人物，在比学识、比才华、比创造、比奉献。如今众多的大款、大腕，比吃、比穿、比住、比行、比派头。吃山珍海味、满汉全席还不满足；单间、套房不够级别，洋楼、别墅才算马马虎虎；国产轿车不够档次，进口轿车还得几番讲究。多少人不胜羡慕，只恨自己效仿不得。此等攀比，没有智慧，没有勇气，没有灵性，没有创造，没有五车学识，没有八斗才华，没有吟诗作赋的潇洒气度。攀比得来的只是充满铜臭的低俗浅陋和卑鄙恶劣的钱权交易。

攀比的价值在于智囊的碰撞，生命品质的提升。所以，攀比应该比出志向的坚定，比出品格的高尚，比出人性的闪光。否则会比掉自己的人格，比掉身边的贵人。《论语》：“士志于道，而耻恶衣恶食者，未足与议也”。有志于学道之人，但又在攀比身外之物，以自己吃穿得不好为耻辱，虽然有学习大道的志向，但现实中的利益小事极易改变他的初始方向，对

这种人，是不值得与他谈论人生及宇宙大道的。

07. 幸福，不拒绝不幸和失败

一次，我在路上偶遇了一位学员的朋友，他对我说："您就是那位教人如何快乐和幸福的老师吧？"我微笑着点了点头。学员的朋友笑着说道："我的一位朋友听了您讲的课，他相信您所传授的幸福之道，但我不认同，我会努力找到您不幸福的证据，然后告诉他，您课上说的那些都是骗人的，因为您也会不幸福。"

听完他的话，我坦然地说道："不用费心寻找了，我现在就可以告诉您实情——我也有不幸福的时候，但这些并不影响我是幸福的事实。"

唯有从心理上接受不幸和失败，我们才能更加主动地创造出属于自己的幸福心境。

在追求幸福的道路上，大多数人一直以来竭力在做的是消除痛苦、避免失败。然而，痛苦和失败是客观存在的，它们并不会因为我们的排斥就自动消失，也不会因为我们的努力就不来"找麻烦"。

一个人无论多么优秀、能力多么卓越，都无法杜绝痛苦和失败。如果我们从心理上将幸福定义为没有不幸和失败，并且一直努力去做本不可能做到的事情，那么就会不断地遭遇挫折，产生深深的无力感，沉陷在各种负面情绪之中，离幸福越来越远。

这么多年来，我一直致力于幸福之道的研究，并从中学会了调动自身积极的心理能量，尽可能地减少生命中那些可以避免的不幸和失败，但我不会彻底拒绝不幸和失败。我能够积极地看待并处理痛苦和失败，进而为自己营造出幸福的心境。

面对不幸和失败，我所想的不是如何让它们消失，也不是它们让自己失去了什么，而是思考它们让自己得到了什么，进而感受痛苦和失败中蕴含的幸福，体味苦中的甜滋味。

我有一位同事，他不是那种社会大众认可的成功人士，但他是个非常积极的人，他从来不怀疑自己是个幸福的人，尽管他只是一个普通的职员。他说：“我并不是什么大人物，可那又有什么关系，我养活了自己，并且每天为许多人提供帮助，我是被需要的，我没有必要因为自己是个小职员就否定自己。”

一天，他遭遇了许多人一生都不会遭遇的不幸。他在下班的路上，被持刀抢劫的歹徒刺成重伤，在“死亡线”上挣扎了10多个小时才被抢救过来，经过两个月的精心治疗才出院。

我去医院看望他，问道：“你还好吗？”同事笑着回答：“是的，我好极了，如你看到的一样，虽然身上多了几条伤疤。对了，你想看看我的伤疤吗？虽然它们有点吓人……”

我看了同事的伤疤后，猜想他当时受伤一定非常严重，于是问道：“事情发生后你还有意识吗，你当时想了些什么呢，一定恨死那些歹徒了吧？”

“我庆幸我还活着。你知道吗？那些医护人员好极了，只要我睁着眼睛，他们就一直告诉我，我会好的。虽然我从他们的眼里看出‘他是个将死之人’的信息。但我想一定要让他们认为我还有活下去的可能。于是，当我听到护士随口问医生‘还要做皮试吗’时，我用尽力气说‘当然’。这时，所有的医生、护士都吃惊地看着我，我努力地牵动嘴角，笑着说‘请把我当成一个受重伤的人，而不是将死之人。’”

在许多人看来，我的这位同事或许没什么“志气”，但不可否认，他的确是个幸福的人，即使许多人都比他更有成就，即使他遭遇了许多人一生都不会遭遇的不幸。

而这位同事之所以能够让幸福感长萦心间，就是因为他接受了挫败、痛苦、不幸这些客观存在，即使身处其中，他也能调动乐观、幽默等积极的心理能量。

幸福不应拒绝不幸和失败，你越是拒绝它们，就越是难以幸福，越是承认它们是客观存在的这一事实，就越能轻松地应对，越能调动积极的心理能量去营造幸福的心境。

黄老师的幸福之道

许多人见到我时，都会问同一个问题："有什么办法能消除不幸和失败呢?"这时，我总是会耐心地开解对方："为什么总是以这样的心理来对待不幸和失败呢？从深层角度来说，这样坚决地拒绝不幸和失败实际上是一种消极逃避。为什么不正视它、承认它的存在，看到它给我们带来的成长和飞跃，进而调动积极的心理能量去超越它、营造幸福呢？这会更有利于我们获得幸福。"具体来说，可以通过下面的技巧来帮助我们正视不幸和失败。

（1）学会接受失败

每一个人的成功和幸福往往都是经历数次失败和不幸换来的，如果我们无法接受失败和不幸，那么可能终其一生也感觉不到幸福的滋味。因此，失败和不幸与幸福并不矛盾。我们要从失败中积累经验，进而获得成功、畅享幸福。

（2）让内心充满勇气

想要获得幸福，就要让我们的内心充满勇气，这样才会勇敢面对可能出现的失败和不幸。在这里，我需要提醒大家的是，我说的让内心充满勇气，并不是让大家不能恐惧，而是即使心怀恐惧，仍然大步向前迈进。

幸福智慧

《礼记·中庸》讲到："好学近乎知，力行近乎仁，知耻近乎勇。知斯三者，则知所以修身；知所以修身，则知所以治人；知所以治人，则知所以治天下国家矣。"勤奋好学，力求圣贤之道就能很快获得智慧，成为有能力之人。努力依圣贤之道去行事，很快就会成为仁者而无所忧虑。只有明辨荣辱、是非、善恶、美丑才是真正的勇者。孔夫子教导我们修养身心的方法和途径：首先从好学、力行、知耻这些与生活息息相关的事情入手，再进入智、仁、勇的境界。懂得修身才能明白"治人"之道，直至"治理天下国家"。生命的历程就是学习提升人生品质的过程，成功与失败就像是一对如影随行、不离不弃的伙伴，懂得苦尽甘来方能幸福无忧。

幸福，到底是什么

——认识幸福，体味幸福

幸福，到底是什么？问一千个人，可能会得到一千种答案，正如一千个读者眼中有一千个哈姆雷特一样。每个人对幸福的理解和感触都是不同的，但大多数人都有这样一种误解：相貌普通的人以为变漂亮了就是幸福，贫穷的人以为变富有了就是幸福，工作不顺利的人以为升职了就是幸福……其实，没有哪个人是上帝的弃儿，我们都有属于自己的一份幸福。幸福要用心去读，读懂自己，读懂人生，也就读懂了幸福的含义。也许，经历过人世百态后，才会明白幸福的真谛。

01. 幸福在于心境：当你觉得幸福时，幸福就来了

对于幸福到底是什么，想必没有一个人能给出完全准确的回答。

在我的课堂上，有许多对未来感到困惑的学员，他们喜欢问我同一个问题："黄老师，您能告诉我，到底什么才是幸福吗?"

每当此时，我都会问他们这样一个问题：一个以收废品为生的男人，他的三轮车上坐着自己善良的妻子，两人谈笑风生，慢慢地向家驶去；而另一个男人开着一辆奔驰，旁边坐着美丽的女友，两人却几乎没有交谈。请大家比较一下，是三轮车上的两个人幸福还是奔驰车里面的人幸福呢?

对于这个问题，学员们的答案各不相同，总结起来，无非就是坐三轮车的两人的幸福不会长久，因为他们会因为生活中的各种困难而不快乐。诚然，学员们的答案也是有道理的，一对相对贫困的夫妻，确实会因为生活的艰辛而烦忧，但这并不意味着他们不幸福。

事实上，这两组人的幸福很可能是一样的。一个人是否幸福，与财富、地位、权力并没有关系，幸福在于心境。

说到这里，我先跟读者解释一下何为心境。

根据心理学家的研究，一件事给人带来的反应或刺激会持续一段时间，在这段时间里我们对这件事的情绪不会马上消失，只是随着时间的推移，会慢慢减弱。这种具有持续性且有强弱变化的情绪状态就是心境。

或许我这样解释，大部分的读者仍然不能理解"心境"的意义。通俗地说，心境和心态差不多，快乐、高兴的心境会让我们幸福，成为事事如意的宠儿；痛苦、忧郁的心境会使我们伤心，仿佛一切都很"倒霉"。

曾有个学员在课堂上向我讲述了他一天的不幸遭遇：

早晨睡过头了，急急忙忙地洗漱完毕，还没来得及吃早饭，便拿着衣

服飞奔下楼。结果跑得太急，一不小心把脚扭了。他心里开始抱怨，都怪自己昨天睡晚了，全然没有想起前一晚和朋友聚会的快乐。

当他走进公交车站时，刚好要乘坐的公交车已经开走，下一班还要等10分钟，他生气极了，觉得自己是这个世界上最倒霉的人。事实上，下一辆公交车过了5分钟就来了。

“倒霉”的事情还没有结束，在公交车上，由于司机的一脚刹车，站在他前面的女孩后退时不小心踩在了他的脚上。他终于忍无可忍，毫不留情地大声斥责女孩，全然不顾女孩已经在不停地道歉。

他带着这样的心情到了公司，见谁都没有笑脸，工作效率也大大降低，临近下班时又被经理批评了一顿。

“我怎么这么倒霉，我的幸福在哪里?”最后，他问我。

他的生活真的如此“倒霉”吗？当然不是。在我看来，他之所以不幸福，是因为他的心态出了问题，他把自己遭遇的问题放大了数倍。在他看来，扭脚是天意，没赶上车和被踩了脚是别人故意与他作对，而被批评更是雪上加霜的“倒霉”。

其实这一切都是这位学员的心境造成的。如果在扭脚的时候，他能给自己一个积极的心理暗示，告诉自己：“这是上天跟我开了一个玩笑”；如果在被踩到时，他能接受别人的歉意；如果上班的时候他能专心地工作，不介意那些鸡毛蒜皮的小事……结果可能大不相同。

幸福在于心境。如果我们每天想到的、看到的都是负能量，又如何幸福？即使身处黑暗，只要在心里营造一束阳光，它也能照亮属于我们的整个世界，让我们幸福起来。

所以，幸福不是一件很难的事，它是一种心境，当我们觉得自己幸福的时候，幸福就来了。

黄老师的幸福之道

我们的心境是乐观的，那我们的人生就是幸福的。我们的心境是消极的，那我们就进了心的囚笼。正所谓：两个人同时看窗外，一个人看到了天上的星星，另一个人只看到了窗外的污泥。那么，如何做到拥有幸福乐观的心境呢？我给出以下三个建议。

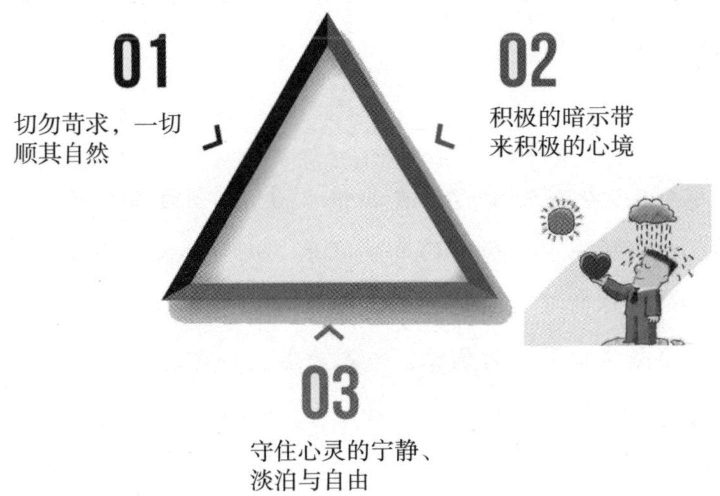

（1）切勿苛求，一切顺其自然

我们不妨把人生的每一刻都当作一个新的起点，坦然接受无法改变的一切，并从心里去发现它的美好。大树有大树的风采，小草也有小草的可爱。人生不是比赛，我们不必拿自己的境遇和任何人做比较，因为成功和幸福都没有恒定的标准。如果我们能够顺其自然地去接受一切，相信很快，生活的走向就会掌握在自己的手中。

（2）积极的暗示带来积极的心境

暗示有着非常大的作用，要想让自己的心境变得积极，那么就应该用那些有鼓舞作用的话语来激励自己。比如，每天早上上班前你可以对自己说“我是不可替代的”“我一定是最棒的”“我今天的工作会很顺利”……当你每天用这些话激励自己的时候，心境就会在不知不觉中变得越来越好，也就更容易感到幸福。

（3）守住心灵的宁静、淡泊与自由

著名心理学家卢克·提摩太说：“一个人要想获得积极的心态，最好的方法就是守住心灵的宁静、淡泊与自由”。我完全认同他所说的。唯有“宁静”才能“致远”，只有心平气和、踏踏实实地走好人生的每一步，才有可能使自己走得更远。

幸福智慧

朱子家训：“命实造于心，吉凶惟人召。”言为心之声，行为心之动，命运受内心所感召，所有的喜怒哀乐、忧苦悲痛，都源于自己的起心动念。命运是你的习气所造就的，如果你的脾气很暴躁，身边的人自然敬而远之。如果你的行为儒雅，与人为善，一定能广结善缘。

02. 决定我们幸福感的因素

我们对幸福的向往和追求是永恒的。但不同时代、不同区域、不同人群对幸福的理解却各不相同。幸福到底是什么？迄今为止没有任何一位哲学家能够给出一个标准的、恒久的答案。它就像蒙娜丽莎的微笑，被不同的人赋予不同的含义。

近几年来，我通过微博、微信、论坛以及授课对“什么是幸福”做过多次调查，每次总会得到千奇百怪的答案。同时，我开始阅读西方现代心理学的相关书籍，在这些书里，我发现心理学家常常把幸福说成是一种心灵的满足，而不是像财富这样可以量化的幸福指标，他们甚至把乐观、美等词汇，都说成“幸福感”。

根据他们的观察、研究，他们认为“幸福感”具有以下三个主要因素：

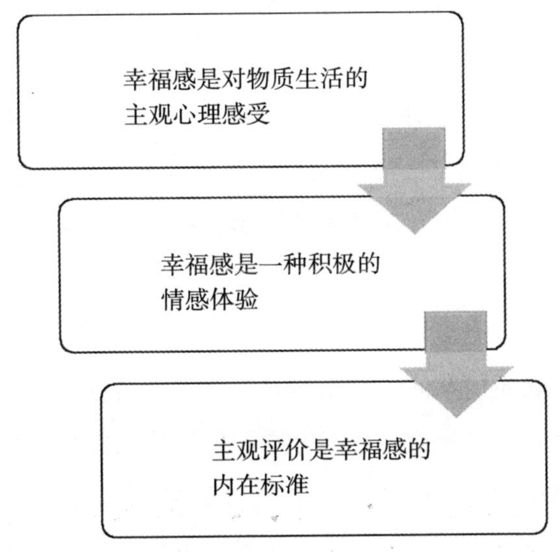

（1）幸福感是对物质生活的主观心理感受

这一说法对幸福感的内核进行了明确，说明幸福感不是一种客观的、外在的、物质的东西，而是具有主观性的、内在的、精神的内涵。不同的人经历不同、个性不同，对幸福的体验也不一样，他们对于幸福的定义和标准更不一样，但所有人都渴望幸福。

（2）幸福感是一种积极的情感体验

幸福感的本质内涵是通过客观的、具象的生活状态满足个体的主观需求，在个体的主观需求得到满足后产生的一种美好、积极、向上的情感体验。这种情感体验可随着生活状态和主观感受的变化而变化，同时也具有相对的稳定性。

（3）主观评价是幸福感的内在标准

幸福感在何时会产生？它产生的标准是什么？

经过心理学家的大量研究发现，一方面，幸福不能用具体的物质因素来衡量，而要以心理感受的指标来衡量；另一方面，幸福是在主观对客观生活进行评价的基础上确立的，这是主观与客观联系的关键一环。

实际上，幸福的标准因人而异。不同个体根据自己的主观需要，并对满足需要的可能性进行评价后所设定的标准才是自己的幸福标准。

幸福可能是骄阳似火下的一阵清风，也可能是大雨滂沱时的一把雨伞；幸福可能是深夜归家的那盏明灯，也可能是久别重逢时的一个拥抱；幸福既可能是执子之手、与子偕老的温馨，也可能是风雨同舟、不离不弃的相伴。

幸福感的内在尺度是以个体设定的评价体系为标准的。只有个体外在的物质生活状态超越内在的评价标准时，个体才会感到幸福。因此幸福感是一种积极的情感认知评价，它不等同于情绪式的心情起伏，而是个人对自己生活整体状况进行评价之后形成的情感满足的状态。

很多人从小就会唱那首“幸福在哪里”的歌谣，其实幸福就在我们的心里。当我们的外在状态达到甚至超越自己内心的评价标准时，幸福就会在心里产生。

通过对西方现代心理学书籍的阅读和多年对“幸福之道”的领悟，我认为幸福感主要包括以下三个因素：

第一，幸福感形成的基础环节是合适的客观条件或生活状态。当我们通过主观努力改善生活状态、提高生活水平时，幸福感很可能会有所提升。

第二，幸福感形成的关键环节是个体主观的评价体系。评价体系的内容和标准决定着幸福感产生的时机和程度。

第三，积极心态是幸福感的最终环节。积极的心理状态和心理体验能给我们带来幸福感，也能提升我们的幸福感。

幸福感是个体内心的安宁和满足，取决于知足常乐、活在当下的心境，取决于自由的灵魂、健康的体魄。当一个人在一花一物中找到美好，

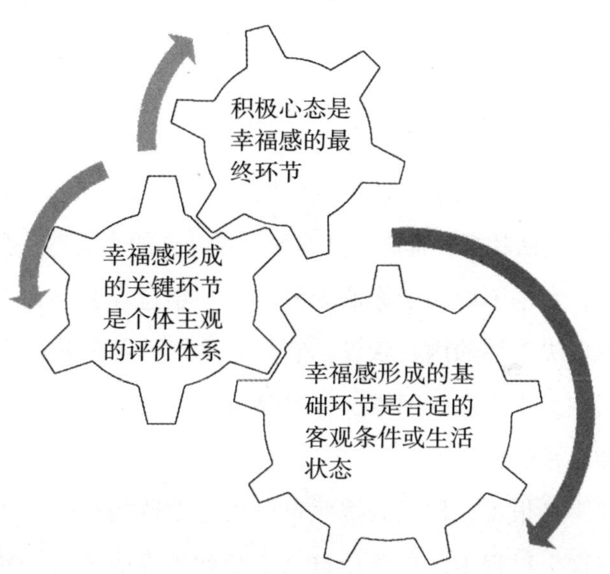

在一粥一饭中嗅到幸福，这也就是生命所能求得的最为美好的状态。

追求幸福如同人们旅行，不同的人会设定不同的目标、去体验不同的经历。

有的人喜欢名山大川，不惜跨越千山万水，不惧舟车劳顿，在熙攘人流中奔波，只为一睹名胜风采。

有的人喜欢历史古迹，不让自己错过每一个可能回眸历史的景点。

有的人喜欢休闲度假，对于他们来说，只要可以离开和出发就够了，对风景、人文他们并不在意。

尽管他们旅行的目的地不一样，但他们在这种过程中都得到了幸福。因为他们实现了预定目标，获得了期望的结果，享受了结果的满足，所以他们感到幸福。

人生其实是一场漫长而又短暂的旅程，如果我们始终用善于发现的眼睛、充满期待的心情去迎接每一天，平凡的日子也会因为一个微笑、一道美食、一句话语、一处风景而灿烂无比。带上好心情出发，每一天都值得我们去珍惜和纪念。

黄老师的幸福之道

基于幸福感的三大因素，建议这样做：

①努力改善生活状态，提高生活水平，这样你的幸福感才会得到提升。

②请记住，幸福不取决于你所处的环境、银行存款、在工作中得到的地位……而是取决于你的内心状态，它是由你对外部事物的主观评价决定的。比如，当在工作中遇到困难，你是认为你一定会失败，还是把困难当作一个学习和成长的机会？

③幸福并不是很难，你只需按照自己内心期待的样子去生活，就能收获幸福感。在这个过程中，你要让自己不受到外界的诱惑，尊重自己的内心，不管最后的结果是贫穷，还是富有，都不会让你的幸福感降低。

幸福智慧

诸葛亮说："非淡泊无以明志，非宁静无以致远。"平稳的静谧心态，不为杂念所左右，不为欲望所驱使，静思反省，当下即是幸福。

03. 衡量幸福的五大标准

我曾经在新浪网上，看到过这样一个调查："谁是最幸福的人？"调查的结果显示：

第一种幸福的人是：抱着宝宝的父母。

第二种幸福的人是：医生让病人恢复了健康的身体，病人痊愈并向医生表达感激之情。

第三种幸福的人是：父母看到儿女围在自己身边。

在最后，还有一个特别的结果：一个作家写完了作品，放下笔的那一瞬间就是最幸福的。

这则调查虽然并没有引起很多人的注意，但在看完的那一瞬间，我似乎醍醐灌顶——这四种幸福我曾经都感受过，但我没有感觉到幸福！

我为什么不幸福？

产生这个疑问后，我仔细观察了身边的人，发现感到幸福的人少之又少。只要打开微信朋友圈，就会发现很多人的状态都是“我不幸福”。可是，幸福的本质是什么呢？换句话说，幸福到底是什么呢？

我曾经看过日本著名医学博士春山茂雄先生所著的《脑内革命》一书，在书中，他是这样描述幸福的：

> 当我们感知幸福的时候，其实是生理在分泌一种内啡肽，即幸福感是体内内啡肽的分泌。从罂粟里提炼的吗啡是毒品，它的魔力正是在于它的分子结构模拟了生理基础上的内啡肽，让你体验到一种伪装的、模拟的快乐。当你觉得真正快乐的时候，例如接到自己理想大学的录取通知书时，如果去抽血查验体内的生化水平，你的内啡肽水平是很高的。

春山茂雄先生的研究表明，幸福来源于体内内啡肽的分泌。用一个生动的情景来表示是这样的：当你在吃饭时是快乐的，而这种快乐是生理上的。最重要的是，当你满足自我需求的时候，体内内啡肽的分泌会很高，远远超过吃饭本身带来的幸福感。

看完春山茂雄先生的书，我觉得：幸福不是天生的，能够感受到幸福，是一个需要训练、感知且不断提高的过程。

每天平淡的生活中，人人都在追求幸福，却很难为幸福确定一个统一的衡量标准。幸福是一种感觉，它看不见、摸不到，我们无法用尺度去衡量它，但在每个人的心中都有着一定的尺度——感到幸福或不幸福。

如果仅仅从人们对幸福的物质追求来看，幸福并没有客观的衡量标准。因为每个人的成长经历、个人能力、心理期望不同，其内心的幸福标准也千差万别。近年来越来越多的人把心理的满足作为幸福标准。这里，从主观幸福感的角度，概括地描述一下幸福的衡量标准。

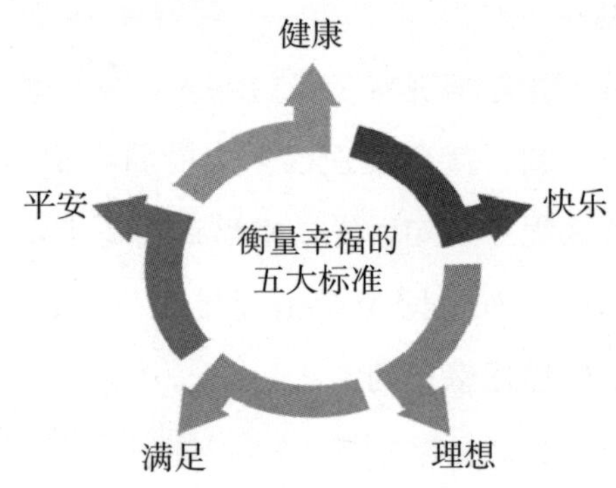

（1）幸福的保障——健康

一个人不论多么富有、多么快乐、多么满足，一旦他失去了健康，幸福的价值便大打折扣了。换言之，健康是幸福的保障。

如果把“健康”比作“1”，那么“财富”“地位”等就是在“1”后面增加的“0”，我们获得的越多，“1”后面画的“0”就越多。但是，一旦我们失去了健康，就意味着把“1”去掉了，后面不论有多少“0”，它们也都只是“0”。可见，没有健康作为支撑，幸福就失去了意义和价值。

所以对于幸福而言，健康是根本，平安是条件，快乐是动力，满足是本源，理想是目标。

（2）幸福的条件——平安

俗话说“平安是福”，不论是否实现了理想目标，幸福的前提条件都是平安。但平安是相对的，有时是在社会比较的过程中得到强化的。

著名作家毕淑敏在汶川大地震之后，受邀为地震灾区的学生们讲授“提醒幸福”。她曾经担心自己不适合为地震灾区的学生们讲授幸福的话题，因此她在讲课之前向学生们提了一个问题：“谁是幸福的人？”令她非常意外的是，学生们异口同声地回答：“我们是最幸福的人。”学生们的回答深深地感动了毕淑敏。

其实，孩子们的幸福感就源自生者与死者的现实比较。经历重大自然灾害的劫难后，孩子们都能够真切地体会到“平平安安就是福”的道理。

（3）幸福的本源——满足

“知足常乐”不仅是快乐的要素，也是幸福的要素。满足的内涵包括两个方面：一是知足，知足是指人们对自己生活现状的客观评价和认识；二是满意，满意是指人们对自己生活境遇的心理满足情况。

（4）幸福的目标——理想

理想是指人们在心目中设立的幸福目标，是指引幸福的航标。理想与人们追求的社会目标及心理目标密切相关，很多人心中的理想是一些物质化的目标，如住大房子、买豪车等。其实，确定理想并采取行动努力去实现理想的人，就会有幸福感。

（5）幸福的动力——快乐

我们把快乐作为幸福的动力。一般而言，快乐不能等同于幸福，但快乐的人往往也是幸福的。快乐是人们积极的、良好的情绪状态。快乐可能是一种性格倾向，也可能是一种习惯。

快乐可能与先天有关，但主要是后天学习的结果。如果你先天就拥有了“乐天派”的性格，那么恭喜你，与别人相比你具备了体验快乐的先天素质，你有可能会比别人更多地体验到幸福的感觉。如果你没有遗传到快乐的天性，那么请不要自卑或焦虑，通过学习你同样能够获得快乐和幸福。

幸福智慧

《论语·学而》里说：“吾日三省吾身”要相信任何事情的发生都有其原因，且有助于你重新审视自己的内心。相信所有事情的发生都是来帮助你实现目标和梦想的，不要抗拒，不要逃避，面对事情需心存感恩才会获得源源不断的能量。若总站在自己的角度去评判他人，只会制造出新的矛盾。

04. 从了解幸福的特点开始认识幸福

从前面一节里，我们已经知道了主观幸福感的五大衡量标准，并明白幸福是无法用严谨的量化指标来衡量的。既然无法用指标衡量，那么或许可以用列举法来看看幸福到底有哪些方面的特点。

我期望，通过论述幸福的特点可以帮助读者了解更多有关幸福的知识，进而帮助读者理解幸福的内涵。幸福主要有以下几个特点。

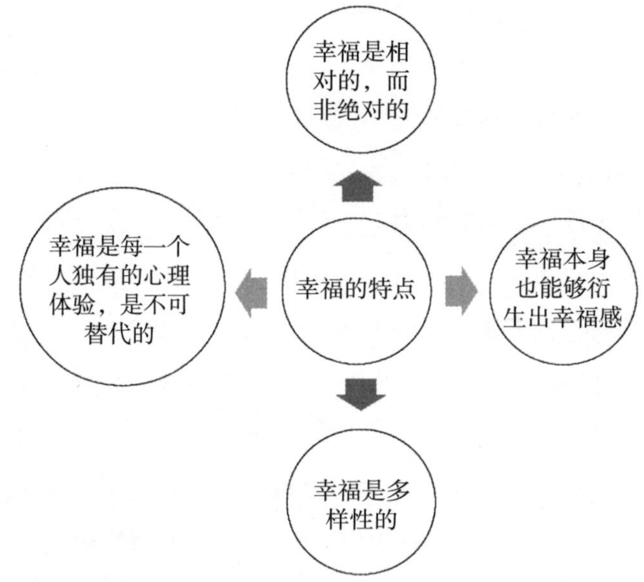

（1）幸福是相对的，而非绝对的

这一点我是从美国著名人本主义心理学创始人马斯洛的研究中发现的。马斯洛在他的一本书里曾经说过这样一句话：

“幸福就是有良好理由的痛苦。幸福生活，就是有真正值得体验的烦恼与忧虑的生活。”

马斯洛关于幸福的这番感慨，与他的需求层次论一脉相承。人永远不可能满足所有的需求，永远都会有牢骚和痛苦。越是投入的事情，我们越是记忆深刻。从这个角度来说就很容易理解这样的观点，如果幸福是通过痛苦换来的，那么这种痛苦实际上也应该理解为幸福的一部分。

我们往往以为，相聚是幸福，离别不免哀伤。然而对于因相聚而幸福的人，离别则强化了相聚的幸福感，它使那些相思泪都化成甜美的水晶。正因为现实不尽美好，心灵才会有那么多对理想的向往。

（2）幸福本身也能够衍生出幸福感

所谓幸福的衍生性就是指幸福本身也能够衍生出幸福感。我们常常会有这样的体验，当我们感到非常幸福或者快乐之后，在遇到其他原本非常平凡的事时，也能够获得极大的幸福感，而这种幸福感能够以正反馈的形式得到放大，从而使幸福感保持的时间更长。

（3）幸福是多样性的

人们获取幸福的来源是多种多样的。比如，有的人从追逐金钱、财富的过程中获得幸福感；有的人从追逐事业成功的过程中获得幸福感；有的人在广交朋友的过程中获得幸福感；有的人在职位晋升的过程中获得幸福感；有的人在和睦的家庭生活中获得幸福感。

正是由于幸福来源的多样性，人们对幸福的体验也是多样的。

我认为：所谓幸福体验的多样性是指我们内心对幸福的感受存在着多样性，每一个人都有自己独特的幸福感受和体验。对于同一种能够引起幸福感的事物，人们的感受可能是多种多样的，正如花有千样红、万种态，不同的人对幸福有着不同的理解和不同的感受。

具体而言，幸福的多样性有多方面的原因。从社会整体来看，不同时代、不同群体的幸福感千差万别，无限多样；从社会个体来看，不同年龄阶段、不同职业、不同民族、不同文化背景、不同的生活经历，都可能形成多样的幸福感和心理体验；从个体的心理特征来看，由于人们的性格、能力、价值观、信念、理想不同，从而导致对相同的生活事件和生活状态的评价和感受也是千差万别、多种多样的。正是幸福的多样性，才构成了人类五彩斑斓、美不胜收的幸福生活美景。

（4）幸福是每一个人独有的心理体验，是不可替代的

虽然从总体上来说幸福具备多样性的特点，但对于我们每一个人来说，又具有很大程度上的不可替代性。也就是说，对于某一时间的某一个人来说，他的幸福感的来源是确定的，而且人与人之间对幸福的感受往往是不同的，即同样的事件能给某个人带来极大的幸福感，但对于其他人却可能毫无影响。

直白地讲，幸福的不可替代性是指我们自己的幸福不能代替别人的幸福，同样别人的幸福也不能代替我们的幸福。

比如，在城里人眼中不够幸福的农村人，其幸福指数可能很高。这从侧面说明了幸福的不可替代性。

上面所述的幸福的四个特点是我通过20种不同的调查，在研究幸福的表现时得出来的结果。我们每个人都在追求幸福，然而每个人对幸福的诠释是不同的。

最后，我想告诉大家的是：幸福只是一种内心感受，是一种自我感觉，关键是如何用一种良好的心态来把握这种感受和感觉。幸福与否，是我们可以自己选择的。

黄老师的幸福之道

幸福有四大特点，即幸福是相对的，而非绝对的；幸福本身也能够衍生出幸福感；幸福是多样性的；幸福是每一个人独有的心理体验，是不可替代的。根据这四大特点，大家在体味幸福时，可以这么做：

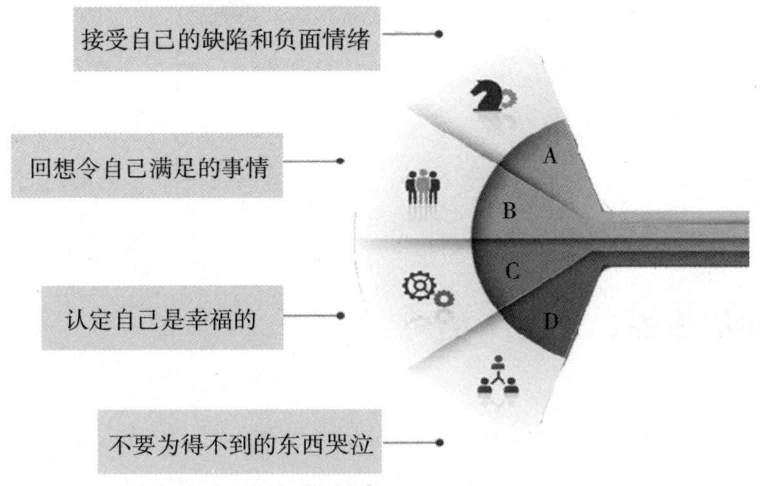

（1）接受自己的缺陷和负面情绪

我们对于自己的缺陷和负面情绪，大都存在排斥心理，拒绝接受它们。然而，幸福是相对的，不接受痛苦，我们也就无法获得幸福。只有当我们认识到，缺陷和痛苦是人的一种正常反应，是获得幸福的必要经历，接纳这个事实，才更容易体会到幸福。

（2）回想令自己满足的事情

用温暖的回忆将自己的脑海占领，我们就会体会到幸福，从而衍生出幸福感。

（3）认定自己是幸福的

不管幸福再怎么多样，当我们用幸福的眼光去看待一切的时候，哪怕置身于“水深火热”之中，也会因为自己还在感觉，还有呼吸和心跳，还在观察这个值得珍惜的世界，而身心处在幸福之中。

（4）不要为得不到的东西哭泣

不管看到的是多么美好的风景，也别忘了属于你自己的才是最好的，所以，我们不要也无须与他人攀比。如何努力也不可能拥有的东西，即使再哀怨也不会得到，反而会降低我们现实的幸福感。

幸福智慧

“种下菩提树，必开吉祥花。”面对、接纳自己，理解、包容他人，遇事想想：我能为这件事贡献什么？我能为他人做点什么？当你真心的付出，就会收获到事件给自己带来的成长礼物，事情也将画上一个完美的句号！

05. 你信幸福，才能幸福

提到幸福我就想到了幸福指数这个词，对拥有超强幸福能力的人，我们会评价他幸福指数很高；对于那些很难获得幸福感的人，我们会说他是一个幸福指数极低的人。这说明是否能感到幸福，取决于你自己的信念。如果你很少感到幸福，那么你需要树立幸福的信念。

信念的力量是伟大的，它支持着人们的生活，催促着人们去奋斗，推动着人类的进步，创造了世界上一个又一个的奇迹。当我们设定了幸福的标准，就要树立十足的信心，甚至可以假想自己马上就要获得幸福，这会让你的生活充满希望和力量。这种来自内心的“相信”的力量往往非常强大。

我经常在课堂上给学员们讲这样一个故事：

一群在山里野餐的孩子迷路了，他们在潮湿饥饿中度过了恐怖的一夜，无望地失声痛哭：“人们永远也找不到我们了。”一个孩子绝望地哭泣着说：“我们会死在这儿。”这时，一个11岁的小男孩站了出来，“我不想死！”他坚定地说，“我爸爸说过，只要沿着小溪走，小溪会把我们带到一条较大的小河，最终你一定会遇到一个小城镇。”结果，大家在小男孩的带领下，有惊无险地走出森林。

也许你会认为，这样的孩子生来就有才能，虽然他的才能得益于其父亲后天的生存教育。但因为小男孩内心执着地相信父亲的说法，所以在他的带领下，同伴们才得以顺利地走出森林。

这就是“相信”带来的力量。同样的，我们有多么相信幸福，属于我们的幸福就有多大。

相信自己会幸福，我们就会发现幸福。就算生活中仍有一些不如意，我们同样能够发现幸福、感受幸福。

我朋友的一个闺密，一个人在深圳工作多年，虽然有些孤单但收入却是其他城市的几倍。她女儿上初三，为了孩子的未来，她决定放弃高薪工作回到家乡。一方面通过多年的积累，家里生活也算富裕，另一方面她也期待着一家人可以团聚，在回家前她觉得自己幸福感爆棚。

然而在她回去后还不到一个月，便开始向朋友抱怨，一方面在家乡的工作收入微薄，另一方面她有些受不了目前的生活状况。收入下降倒是预料中的事情，但家庭的不和谐却是她没有想到的。首先是她爱人的很多生活习惯让她无法忍受：抽烟、说话大嗓门、不做家务、超级自我、爱唠叨；其次，女儿也不贴心，成天跟她对着干。她哭诉道，自己忙碌多年，而这个家竟然让她觉得有些回不去了。

她原本以为自己漂泊多年，回到家里可以感受到家庭的温馨：女儿乖巧，丈夫体贴，生活安逸……难不成她还要再次独自飘零吗?

当朋友询问我应该如何回复她时，我建议朋友不要一味地安慰或是对闺密表现出过多的怜惜，而是鼓励闺密应该相信自己的选择，并且相信自己一定可以过上幸福的生活。

之后朋友回复闺密这样一段话：“在我的眼中，你总是那么乐观、自信，我看着你一步一步地实现了自己的幸福。我非常支持你回到家乡，现在你有丈夫的陪伴，可以每天看着女儿成长，还可以抽空看望、照顾年老的父母。亲爱的，你回去不到一个月就轻松找到了不错的工作，我相信不用多久，你们一家一定可以生活得更幸福。你怎么会感觉不到幸福来临呢?”

朋友的闺密听到这番话后立刻打开心结。此后，她调整心态去包容家人，相信属于自己的幸福一定会到来。

在这种心理的影响下，她看见丈夫慢慢地改变了一些生活习惯；女儿虽然有些调皮但越来越爱跟她黏在一起；每次回家，父母都格外开心；周末闲暇时一家三口去郊外踏青、运动，丈夫背着摄像机跑前跑后，她感到自己被需要、被认可，觉得自己是个幸福的人。

通过这个事例我发现：幸福，需要你去相信，它拒绝你的质疑、焦虑、担忧。

所有幸福的人都不曾怀疑过幸福，他们始终用相信幸福的积极心态，通过努力把幸福转变为现实，而那些怀疑幸福的人，因为怀疑所以消极，继而放弃，最后导致失败。

黄老师的幸福之道

心动则行动，相信是开启幸福的一种魔法。站在相信的一面，你看到的是成功、幸福、快乐；站在怀疑的一面，你看到的是消极、痛苦、煎熬。因此，从此刻开始，像我一样相信幸福吧。当然，我们想要相信幸福，也有一些技巧。

（1）利用外部环境来暗示自己

人的情绪和心理状态或多或少都会受到外部环境的影响，因此，从某种程度上来说，能否利用好外部环境也意味着是否已经学会了积极的心理暗示。比如利用声、光、色、影来进行积极的自我暗示。

当你感到不幸福的时候就不要听哀伤的音乐，而应该选择一些轻松舒缓的音乐。

（2）利用以往的经历暗示自己

当你感到沮丧的时候，不妨回忆以往成功的经历以此来激励自己，告诉自己："我曾经的成功说明我有能力和实力再次成功。"这时，你的信心就会大增。

（3）利用动作进行自我暗示

当你感到不幸福时，不妨打开窗户看看外面的景色或者到公园里转一圈放松一下心情。我有一个小技巧，当我因讲课感到紧张时就会做深呼吸，心情烦躁时就会去散步。这种方法使我的情绪和生活都有了很大的改变。

幸福智慧

古人言："心诚则灵，唯德感天。"其如《礼记》中所讲的正心、诚意、格物致知一样，只要虔心诚意，有坚定的信念、正确的心态，愿望就会实现，这就是心诚则灵。当然，要做到这一点必须坚持以德为本，以仁善为依，顺应天地和自然规律，感受自然的力量。

06. 幸福的真谛——快乐与意义的结合

幸福到底是什么？我在课堂上向学员谈及对幸福的理解时，总会告诉学员，我自己早年的一次重要经历使我对“什么是幸福”有了根本认识。

2009 年、2013 年，我分别获得了“幸福之师”的奖杯。第一次获奖时，喜悦带来的充实感让我倍感快乐。然而，这种快乐在获奖当晚就消失得无影无踪，我变得空虚、迷茫，不知道接下来还能做什么。我很不理解，为什么在如此顺意的情况下，尚不能感到幸福，我们又该如何寻找幸福呢？

接下来，我开始关注周围的人，向他们请教幸福的秘密，并阅读有关书籍，从孔子到亚里士多德，从古代哲学到现代心理学，从学术研究到大众图书，等等。至此，我的幸福观渐渐明朗：幸福应该是快乐与意义的结合。

也就是说：要想幸福，必须要有一个明确的、可以带来快乐和意义的目标，然后努力地去追求。

在我的学员中有这样一个女孩，她是深圳某企业生产线上的一名普通员工。拿着勉强糊口的薪水，租住在城中村简陋的房子里。

这个女孩经常跟我们说的一句话就是：“如果将来我有了很多钱，我一定会……”我和其他的学员都认为她会说买房子、买衣服或出去旅游之类，但女孩后面的话，让我们都感到羞愧。她的话是这样的：“如果将来我有了很多钱，我一定会每天买一束花回家，今天买玫瑰，明天买康乃馨。”

“你现在买不起吗？一枝百合花也就 10 元钱啊。”我笑着问她。

“是不贵，但依我现在的收入来说，还是有些奢侈。”女孩笑着回答，眼里洋溢着让人羡慕的幸福与满足。

过了几天，女孩兴奋地在培训教室里给我们分享了一件喜事。一天，她在下班的路上，碰到一位妇人正在出售自己种的花，价格非常便宜，一枝百合花才 5 元钱，比花店里的价格便宜了一半。于是，女孩花了 20 元钱买了四枝百合花。

女孩开心地把这些百合养在有些简陋的出租房里，每天精心地照顾着它们，希望它们能多开放一段时间。最后，女孩说道："你们知道吗？我每天回到家，打开房门，闻到满屋子的百合香味，我就觉得特别幸福。"

我们大家都被女孩幸福的样子感染了，刹那间，我觉得整个培训教室里都洋溢着幸福。买一束美丽的花，让自己简陋的房子充满香味，这就是女孩认为的幸福，而这个幸福比花钱去买奢侈品要有意义得多。

如果这个女孩还不足以让你认识到幸福的真谛，那么，我跟大家讲讲我认识的另一位职场精英。她是深圳某企业的高管，她一个月的收入相当于前面那个女孩一年的收入。按道理说，这样高收入的她，完全有能力购买几件奢侈品。

然而，现实中的她很少购买名贵的时装，也极少购买奢侈品。偶尔为之，也是为了奖励自己或为自己过个生日之类。一次，当她在家里整理衣柜时，发现了一块朋友送给她的从云南带回来的花色面料。她突然灵机一动，何不用这块面料自己设计裙装呢？说做就做，裁剪、缝合让她慢慢回忆起校园生活的那段学服装设计的日子，重拾很多快乐时光。

半个月以后，当她穿着自己亲手制作的裙子出现在公司时，周围的同事都向她投来了惊艳的眼神，新颖的款式让她气质非凡，美得与众不同。

从此以后，她开始喜欢上了这种"变废为宝"的生活理念方式带给她的快乐，虽然以她的收入水平，买一件类似的衣服只需要轻松地刷刷卡，几分钟就能到手，但是一针一线点点滴滴的专注投入，在服装中加入了几分别样的意义，由此也拥有了更多他人所无法复制的美的享受。我们在追逐幸福时，却发现幸福就藏在我们不紧不慢的点滴日子里，也许只需要你抬一下头、弯一下腰或者动动手指，就能感受到真实的内心幸福和快乐。

每当有学员追问我"幸福是什么"时，我就会想起这两位姑娘，不同的社会背景，却有着相同之处：无论年龄大小、无论贫穷还是富有，她们都在努力过更有意义的生活。她们将自己的快乐与意义相结合，以一颗积极健康的心，坚持不懈地追求幸福。

所以，有时候我也会感慨，我们一直在寻找幸福到底在哪里。原来，幸福之道就是：将快乐与意义相结合，只有这样的幸福才会持久。当我们期盼自己身家过亿，当我们期盼自己拥有豪宅，当我们期望自己出人头地……也许回过头去看看，这些都是虚无缥缈的，可能不会在你的生命中留下值得一提的印迹。

就像我在这里和你们分享幸福之道时，我也希望你们可以真正的幸福快乐，你们快乐所以我快乐，而我也一直相信并在坚持着。

黄老师的幸福之道

世界上的快乐多种多样，他们可能是一时的，也可能是永久的；可能是虚幻的，也可能是真实的；可能是空虚的，也可能是充实的。然而，真正的幸福却只有一种。真正的幸福，来自对生活的满足。真正的幸福，拒绝一切虚无和空洞，只有你的内心深感所行所知充满了意义，才能体会到幸福的真谛。

关于如何将快乐与意义结合，这里很少有放之四海而皆准的方法，不过以下指导方法可供大家参考。

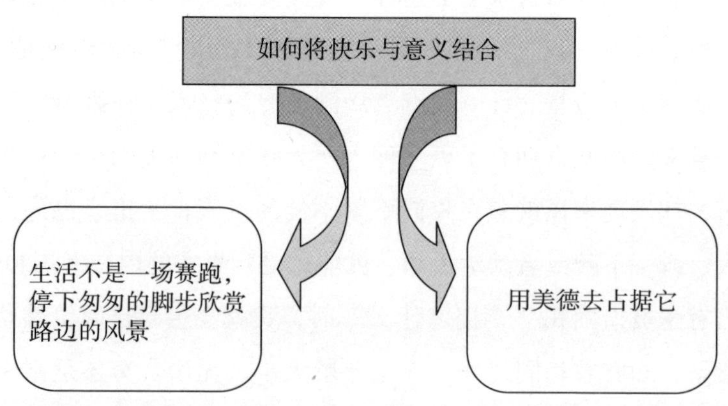

（1）生活不是一场赛跑，停下匆匆的脚步欣赏路边的风景

忙碌烦躁，这是多数现代人的生活写照。很少有人喜欢忙碌，但不忙碌又害怕自己会落伍，会被社会淘汰。可是，我们静下心来想想，如此忙碌，除了累坏了身体，辜负了家人，我们还得到了什么？我们为何不放慢生活的脚步，用一颗简单的心观察周围的一切，低头欣赏一下路边的花草，抬头看一下远处的风景，细心体会一下生活的乐趣，它会让你走得更好、更远。

（2）用美德去占据它

要想让幸福的快乐与意义结合，最好的方法就是用美德去占据它。我们的民族有许多优良美德，比如助人为乐、拾金不昧，等等。当我们帮助他人的时候，予人快乐也予己快乐，看着别人那挂满笑容的脸，自己心里何尝不感到欣慰呢？这就是幸福的真谛。

幸福智慧

古有言道："大道至简，淳朴自然。"幸福出自"简"字，一简一世界，一语一天堂。唯大道至简也。当我们的生活被越来越多的事情包围时，我们的人生轨迹也容易偏离最初的纯洁和善良，也许我们应该尊重自然规律，回归那最简单而淳朴的生活。

07．"当……时，我就会幸福"，只对了一部分

某个周末，一边翻阅着一本关于"幸福指导"的书，一边问依偎在沙发上的妻子："你觉得我们的婚姻幸福吗？"妻子想了想，温柔地说："幸福。"我又问："你觉得怎样的人生能使你幸福？"妻子转过头，亲了我一下，说道："这就是幸福。"

这个场景让我不禁想到一个问题：如果我们能准确地说出我们的需求，如果我们可以清晰地描绘我们的未来，如果我们能为幸福做一个准确的定义，那么，幸福的意义何在？

在很多人的心中，也许都曾产生过这样一个念头："当……时，我就会幸福。"比如30岁还单身的男女，会想"当我遇到我的另一半时，我就会幸福"；刚毕业的大学生会想"当我找到一份薪酬好的工作时，我就会幸福"；正在奋斗的夫妻会想"当我在这个城市有一套房子时，我就会幸福"……

李兰的先生是个公务员，生活小康，但与奢侈无缘。李兰很羡慕朋友陈想的生活，陈想嫁入了豪门，每次见面时，珠光宝气的陈想拨动着李兰敏感的神经，见面之后一周的时间里她都会不开心。先生欣喜地拿回单位发的福利卡，她嫌弃地说："你以为是某奢侈品牌的会员卡吗，这有什么稀奇的？"先生每次高兴地坐下来跟她规划下个月的计划时，她就哀叹："我一直想做一个优雅的女子，但每到这个时刻我就觉得自己已经失败了。"就连先生跟她一起憧憬换大房子的时候，她也是无所谓地说："等你年薪超过100万元了再说吧。"

她用各种方式表达了自己对生活的诸多不满，她的每一个举动都在向她的先生传递一个意思：当你有钱的时候，我才会幸福。

她的这些举动和言语也刺激了先生，先生辞掉了稳定的公务员工作，在深圳的一家外企工作。为了赚取更多的钱，先生常常要陪客户应酬。有时候，一个电话就有可能让他节日里不能待在家里陪妻子。钱挣得越来越多，先生出差的时间也越来越多，李兰找不到先生的时间也越来越长。这时，怀疑、担忧、没有安全感取代了李兰与先生之间的交流。先生越来越不愿意跟她说话，回家的时间屈指可数。

有一天，李兰打开了家里的抽屉，看到了里面无数张各种奢侈品的卡，可那些卡，拼成了她先生疲倦而略带冷漠的脸。突然间，李兰明白了什么，她喃喃自语地说道："我现在只想他坐下来像原来一样与我一起规划下个月的计划，我就会幸福！”

在追求幸福的过程中，李兰走进了迷阵，她一直在执着于一件事——不断解答“当……时，我就会幸福”。

对待财富正确的做法是：清贫的时候，我从庸俗的人间烟火中得到温暖；富贵时，我当人生是场只属于少数人的体验。人生是天平，你可以在左端获取一切你想要的，前提是在右边你能放上同等的砝码。

当然，我这里并不是说“当……时，我就会幸福”这种想法是完全错误的。准确地说，它只对了一部分。精确而完整的说法是：

“当……时，我就会幸福，但我也要因此付出代价，而我做好了准备去承受它。”

单身的你遇到你的另一半时，你会发现除了你侬我侬之外，还有诸多现实的问题等着你去解决；刚毕业的你找到一份薪酬不错的工作时，你会发现需要面临无数与同事之间的竞争、陪你加班到深夜的咖啡……

幸福，不是快感，当我们谈论幸福的时候，我们谈论的其实是，如何将幸福长期化、最大化，甚至合理化。

下面将对人的两大幸福观念进行剖析，如果你的幸福观刚好是这样的，那么，请你仔细阅读下面的内容。

“当我有很多钱时，我就会幸福”。

这种幸福观是把幸福寄托于财富。我们每天挤公交、拼命加班，为了购买一个心仪的物品勒紧裤腰带，我们为幸福而忙碌，却常常只是忙，并不幸福。我一直在研究被公认的全世界幸福感指数最高的国家——芬兰，人们是如何获得幸福的？经过翻阅诸多资料和视频，我终于领悟：

在芬兰，大家都生活在一个既有创意又平等的世界。在这里，穷人不卑微低贱，富人不嚣张跋扈，就连总统也要跟普通人一样排队等飞机。在芬兰的报纸上，几乎看不见有关富豪名媛的新闻。大家都在追求幸福，而不是追求“我要比谁看上去更幸福”。

当然，幸福与金钱也并不是没有关系。根据《尚书·洪范》一书里描述的五福，我们可以知道人要幸福，一方面是物质层面的富贵，另一方面则是精神层面的心灵安宁，而二者的和谐集合才是“福”。

所以，如果你认为“当我有很多钱时，我就会幸福”，你必须明白：

金钱，的确能带给我们安全感和一时的快感，但它不是长久的幸福感。

“当我找到另外一半时，我就会幸福”。

这种幸福观是把幸福寄托于爱情。我们忙起来可以不洗漱就睡觉，可是为了寻找所谓的最好的另一半，相亲、整容……在约会时妆容精致得不可挑剔；我们和朋友吃饭时AA制，但在约会对象面前却一掷千金……我们一直在努力追求对方，却忘记了追求自己。

亲爱的读者，别再执着于“当……时，我就会幸福”。你有没有铆足劲儿存够钱买房子？如果有，不如把现在的小家布置得更温馨一些，为家人做一桌丰盛的晚餐，然后告诉他们，你有多爱他们。

也许，这就足以让他们幸福。

就如那个周末，妻子温柔地亲了我一下。在风和日丽的天气中，与心爱之人温柔地亲吻，多么幸福。

黄老师的幸福之道

如何认识当下的幸福呢？给大家的建议有三条。

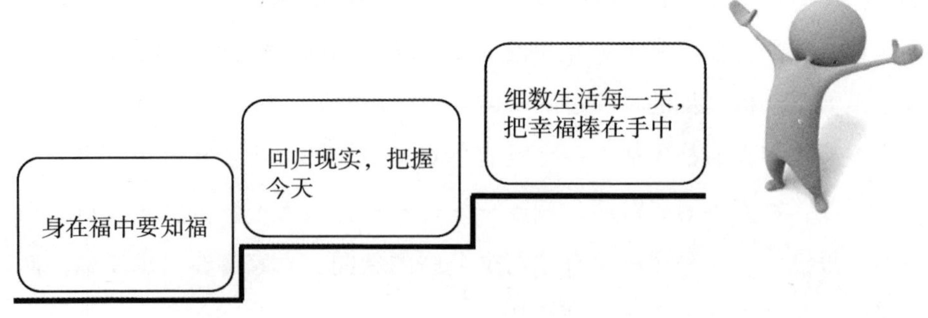

（1）身在福中要知福

我们现在的生活大都不缺吃穿，这其实就是一种幸福。然而，很多人对这种幸福都表现得不屑一顾，白白把这种幸福浪费掉了。所以，我建议大家一方面要知足于当下的幸福，另一方面要尽量节俭。只有这样，我们才不会成为一个奢靡的人，日后才能在各种境遇中感受到幸福。

（2）回归现实，把握今天

人生最重要的不是沉浸在自己构想的海市蜃楼般的梦想里，而是回归现实、把握今天，这样才能把握当下的自己，把握当下的生活，把握当下的幸福。

（3）细数生活每一天，把幸福捧在手中

人只活在当下呼吸之间，既不抱怨，也不抱有不切合实际的幻想，珍惜每一天，享受当下的充实，享受做好每一件事的过程，静心地感受自己现有生活的快乐，我们就能把幸福牢牢捧在手中。

幸福智慧

《镜花缘》里写道："尽人事以听天命。"人生无须做太多的假设，相信自己的选择，就是不后悔自己的选择。凡事尽力，至于后事如何，则不是我们所能左右的，保持一颗平常心，满怀敬畏和感恩。假如在最坏的处境下，还能竭尽全力拼到最后，就是知命又不认命的豁达与不妥协，就是一种让人肃然起敬的态度。

第3章 幸福需要自己成全自己

——正视自己，掌握幸福

“知人者智，自知者明”，能读懂自己内心，并且接受自己的人才是成功的智者。在人生的道路上，没有人可以永远一帆风顺，即使我们努力、认真，我们仍然可能会遭遇很多失败和不幸。有时，我们难免会悲观、失望，甚至否定自己，而这种自我否定只会使我们离幸福越来越远。这时，我们需要做的就是战胜自我，自己成全自己，把幸福建立在自身的基础上，这是幸福之道最重要的部分。战胜自我的前提就是要正视自己，但人通常都很难发现自己的状态，就像两个人面对面擦玻璃，能看见的只是对方脸上的污渍，自己脸上的脏东西反而看不到。下面，我们一起来学习如何正视自己，掌握幸福。

01. 无条件地接受真实的自己

王琴的个子不高，长相也极为普通，走在人群中随时都会被淹没，并且在其他方面也没有什么出彩之处。不论是在同学、同事还是家庭聚会中，王琴感觉自己就像村上春树小说中的电视人一样，似乎没有人留意到她的存在。同样去求人帮忙，美女出场总是顺风顺水，而自己却困难重重，她觉得自己就像一只丑小鸭，生活得特别苟且。她变得越来越自卑，由自卑发展到自闭，甚至发展到对生活失去信心、开始厌世。

有一天，王琴的一位朋友刚好路过她家，叫她出来一起坐坐。朋友发现王琴郁郁寡欢，便讲了一个笑话。王琴听着听着，原本阴郁的脸上变得轻松明媚，她嘴角微微上扬，眼睛炯炯有神地看着朋友。她的眼眸闪闪发亮，或许是许久没有这么开心了，美丽的笑容就像盛开荡漾在她脸上的花朵。如此迷人的笑容让朋友感动、震撼。朋友不由得赞美王琴说："你刚才的笑容特别美，我都被你迷住了。"

接着，朋友对王琴说："如果你仔细观察，你会发现每个人都是不完美的，但再平凡的人也有闪光的部分。刚才你的笑容让你变得光芒四射，我相信你的身上还有很多美好的东西等待着你去发现。"

听了朋友的话，王琴决定去挖掘自己身上的宝藏，学会欣赏自己。最后，王琴不仅接受了自己，而且喜欢上了自己，因为自信，她竟然奇迹般地创业成功，现在她旗下的连锁店也逐年增加，并且经营有方年年盈利。

生活中有很多像王琴这样的人，他们自尊心强、敏感焦虑，表面看起来低调内向，不喜欢哗众取宠。但其实他们也希望被聚焦，被认可，但同时他们又纠结于自身的不足，担心被人看轻，因为缺乏自信，所以小心翼翼、唯唯诺诺，在成功的期盼和失败的恐慌中一次次否定自己、封闭自己，因为过于紧张甚至影响正常的人际交往。

怀揣自卑心理的人总是过低地评价自己、人为地给自己制造很多的不满意。不同的人有不同的自省能力，不论是过高或是过低的评价，都会影响自我的发展。世界上最了解你的人只能是你自己，我们不妨静下心来，认清自己，对自己做出一个正确的评价，然后接受真实的自己。

诚然，有些不完美是我们无力改变的。比如我们的容貌、我们的出身和我们身体上的不足，如个子矮、体形不完美、招风耳、生来残缺等，尽管很多人不惜通过整形、美容、化妆、极端减肥来掩盖这些身体的缺陷，但有些硬伤是无法改变的，况且很多微整形并不能确保百分之百的成功，为了美丽大可不必去冒这样的人身风险，身体不健康了，要美丽有何用?所以我们不必过于在意自己的外在形象，而应该打磨升华我们的内在。

《阿甘正传》里面的主人公阿甘因智商只有 75 不得不进入特殊学校，从橄榄球健将，到越战英雄，从虾船船长，到跑遍美国，他以先天残缺的身躯，达到了许多智力健全的人也许终其一生也难以到达的高度。

阿甘在电影的最后说道：“人生就像各种各样的巧克力，你永远不知道哪一块会属于你。”

我们每个人的生命轨迹都是独一无二的，认识自己，接受自己，然后去成就自己。如果世界不接纳我们，那一定是因为我们的高度不够。用努力去完善自己，增加自己的高度，有一天，我们也可以站在世界的舞台中央。

还是那句话，最重要的是正确地认识自己并且接受自己。

黄老师的幸福之道

一个人首先需要正确地认识自己，然后给自己一个乐观的评价。有了这种积极乐观的心理暗示，让自己充满正能量，你就会变成一个发光体、一个超强力磁场圈，这样的能量足以让你轻松地面对人生路上的风风雨雨。所以，我们要学会看到自己的长处，为自己打气，为自己加油。关于如何接受真实的自己，我给出以下三个建议。

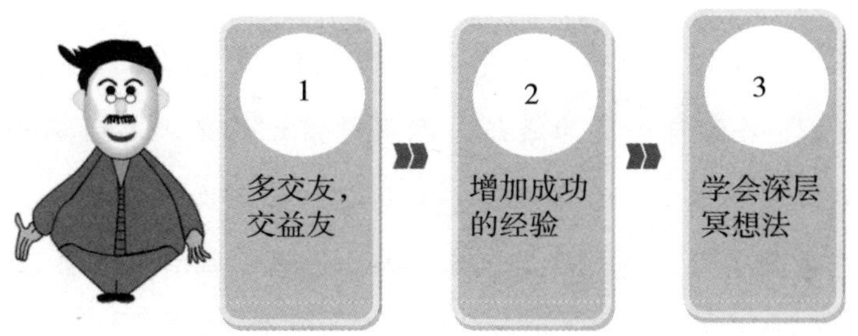

（1）多交友，交益友

近朱者赤，近墨者黑。尽可能地利用环境改变自己，多交一些性格开朗、积极上进、乐观豁达等具有优良品质的人。在这样的圈子里，你能够发现和汲取他人的长处，体验到生活的乐趣，开拓自己的思维，拓宽自己的视野。众多的朋友，还可以丰富自己的生活，愉悦自己的身心，使自己远离自卑，提高自信。

（2）增加成功的经验

当我们遇到失败时，要懂得及时总结、清空、翻篇，不要让失败的坏情绪影响自己的新生活。

在我的“幸福之道”的教育理念中，有一项是鼓励学生单科拔尖，其实这就是一种让学生增加成功经验的做法。首先肯定你的优势项，将自信植入到你前进的力量中，接着用很多小成功继续累积自信，当这种由少积多的成功和自信累积到一定程度时，你不仅完全摆脱了自卑，拥有了自信，成功也会相伴而来。

（3）学会深层冥想法

这是我经常用的方法，每当我感到紧张的时候，我就会配合腹式呼吸，集中精神想想自己的长处，便可在不经意间弱化自卑的心理。比如每天出发前对着镜子里的自己说，我是最棒的，没有什么事可以难倒我，别人可以，我一定可以，等等。

幸福智慧

我国宋朝著名理学家、思想家朱熹曾说过，“德者，得也，行道而有得于心者也。”若你自己成为太阳，无须凭借谁的光。人生不如意事，十之八九。经过层层磨炼，积累福德。让道德的光芒如太阳之光，驱散万里乌云，照亮来处去处，纵然身边无人守候，也可以拥有温暖自己的力量。

02. 自信，踢开自卑的绊脚石

很多人身上都有一个隐藏的缺点，那就是自卑。所谓自卑，就是看不起自己，不能接纳自己，做事缺乏信心，优柔寡断。甚至于有的人，由于自卑心理过重，心理极其脆弱，遇到困难和挫折时，就会步入人生绝望的悬崖。所以，自卑的人是很难享受到幸福的。

在我刚毕业踏上讲台做一名老师时，由于我没有做教师的经验，再加上生活的窘迫，我感到非常自卑。在给学生们上课时，我讲课的声音很小，生怕自己出现失误。

一周过去后，学生们对我讲的课不感兴趣，甚至有好几个学生跑到教务主任那里去告状，说我讲课的声音太小，他们根本都听不清我在讲什么。

我的心里开始忐忑不安。一天，当我走进办公室时，看到领导正在等着我谈话：“从你讲课来看，你对自己极其不自信，你不仅讲课的声音小，连一些常用的语法也出现了错误。”当时内心是极度的难受，很想辩解但又没有勇气。

当回到宿舍静思时，却忽然想到，别人不可能会无缘无故批评自己，也许我自己真的太过不自信。自我反省后，我又去找领导，当面谢谢他指出了我的不足之处，态度诚恳真挚，最终得到了领导的理解。

爱默生曾说过：自信是成功的第一要诀。

莎士比亚也曾告诫世人：对自己都不信任，还会信任什么真理。

我想说的是：绝大多数的幸福都是因为自信。相反，自卑则无形中给自己设置了更多的障碍，强化了不幸福的根源。我们只有给自己充分的自信，才能踢开自卑这一影响幸福和成功的绊脚石。

现实生活中可以导致自卑的原因实在是太多了，其中就包括因为某种缺陷或短处而引起的自卑。我们如果把这些缺陷或短处集中起来，几乎无所不包：长胖了、变矮了、皮肤偏黑，嘴巴大、眼睛小、头发黄，脸上长了青春痘、家里没有那么有钱，这些都可以是导致自卑的理由。

人或许有一万个自卑的理由，但我相信会有一万零一个理由让你自信。

其实，自信就是一种心态。但是这种心态并不是每个人生来就有的，它完全是后天的一种培养和锻炼。但让我惊诧的是，有些人的自信是靠成功累积出来的，有些人的自信则是靠失败锻造出来的，有些人的自信是靠人际关系搭建起来的，有些人的自信是靠金钱撑起来的……

很显然，虽然都是自信，但其本质是有很大区别的。有的时候，这种区别能够给人带来更大的幸福，而有的时候，这种区别则会让人遭受巨大的损害。如果我们的自信是靠成功累积出来的，是靠失败锻造出来的，那么这样的自信会带给你更多的幸福；如果你的自信是靠出身、家族和金钱财富营造出来的，那么这样的自信很可能是表面看起来五光十色，但内心空空如也，这样的自信很容易崩塌。

鉴于自信的成因有所不同，给我们带来的幸福也是难以估量和把握的，我更愿意将自信看作一种能力。任何一种能力都是经过长时间的学习、锻炼，是逐渐培养出来的，自信也是一样。

黄老师的幸福之道

自卑的实质是缺乏自信，而对自己缺乏自信，便无法找到自己的强项，这样很难成功、幸福。相信自己，是无须向外界索求的幸福资本，你若善于挖掘与开发，就等于你走向或接近了幸福。那么，如何培养这种自信的能力呢？下面几条简单而可行的规则，便有助于你消除自卑，使幸福无往而不利。

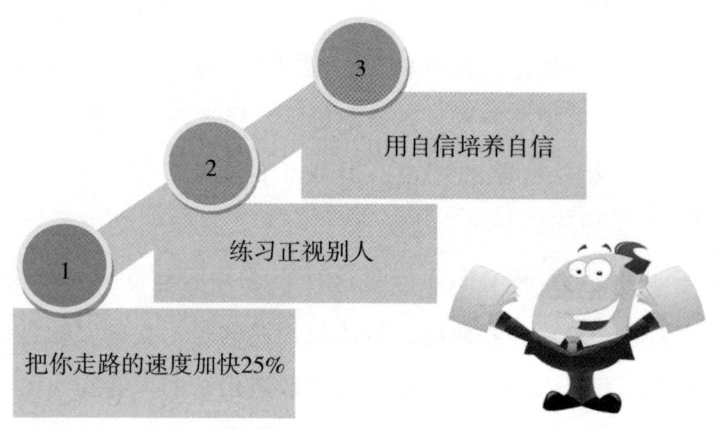

（1）把你走路的速度加快 25%

身体的动作是心灵活动的结果。那些自卑的人走路通常拖拖拉拉。使用“走快 25%”的方法，抬头挺胸走快一点，你就会感到自信心在逐渐增长。

（2）练习正视别人

一个人的眼神可以透露出许多信息。不正视别人通常意味着：你在我旁边我感到很自卑；我感到不如你；我怕你，等等。这是一种不好的信息。所以，练习正视别人，正视别人等于告诉自己：我很棒，我相信自己。

（3）用自信培养自信

如果缺乏自信，一直做些没有自信的举动，就会越来越没有自信。相反，如果做些看起来很有自信的举动，就会感觉到自信又逐渐回到了自己身上。缺乏自信时，与其对自己说“我没有自信”，不如告诉自己“我很自信”。为了克服消极、否定的态度，我们应该试着采取积极、肯定的态度。

幸福智慧

《弟子规》里说：“勿自暴，勿自弃，圣与贤，可驯致。”遇到困难或挫折时，不要自暴自弃，也不必愤世嫉俗，看什么都不顺眼。而应该发奋向上，努力学习，不怕挫折，把失败当作成功之母，任何美好的结局都要经过艰辛的努力才能得到。圣贤的境界虽高，但循序渐进通过努力也是可以达到的。人对自己要有信心，所谓“天生我材必有用”。人一生首先要立定志向，“学贵立志”，有了目标、方向，再通过不懈的努力，成圣成贤不是遥不可及的事，只要有心，终有成就的一天。有道是：“天下无难事，只怕有心人。”

03. 不要做别人希望的风景

有一种人的不幸福看起来可怜多于可悲。这种人很不幸福，因为别人不理解他们，不了解他们，他们总也无法成为别人希望的样子。他们尽自己所能但还是不能让别人满意。他们不幸福的原因有些不可思议，因为他们的不幸福缘于他们总是想迎合别人的想法，却总以失败告终。

向女士很幸福地和自己的初恋男友结婚了，憧憬的幸福生活就在眼前。从恋爱到结婚，向女士就一直在迁就、迎合丈夫。每次聚会的时候，朋友都会提醒她：“爱是相互的，不要这样一味地迎合。”可她认为这是一种爱的表现。因此，也就没有去改变现状。

向女士有时候也有自己的想法，却不敢表达，生怕说出来丈夫会不高兴。时间长了，她学会了把内心细腻的感受和一些对丈夫的情感方面的要求隐藏起来。她认为，反正对方要的自己能做到，迎合他，也是自己的成就，这不就是爱吗？

可是，尽管如此想，她感觉自己越来越不幸福，有时候憋得自己都喘不过气来。可即使如此，迎合对于她来说，已经完全成了一个习惯，无法戒掉了。

丈夫不喜欢她工作，她辞掉工作在家带孩子；丈夫不喜欢她见朋友，她就一个也不见，渐渐失去了所有的朋友；丈夫不喜欢她上网怕她学坏，她就不上……尽管向女士作出了如此多的牺牲，但并没有换得丈夫的关心，反而助长了丈夫的坏脾气，到后来，只要丈夫工作不顺心，回家便会对她拳脚相加。

看到这里，很多读者或许会认为像向女士这样的人只是少数。可事实恰恰相反，现实生活中，我们大多数人都有过类似的经历，只是轻重程度不同而已。

想想看，我们是否迎合过上司、家人，却很少考虑自己的需要。我们总是让别人的言行、思想来决定自己的行为，而别人的思想往往不是我们能够影响和左右的，更别说掌控了。

所以，不问自己心里的想法，却因无法满足别人的期望而感觉不幸福的人，真的很不幸，也真的很可悲。

作为深圳市幸福之道文化服务有限公司的首席讲师，近十年来，我一直随名师潜心研习，实践力行中华传统文化，并取得了一些名誉。我开设的“幸福之道”课程备受学员们的欢迎。有许多学员表示，这门课程很可能会改变他的一生。

作为一名讲师，能得到学员们的如此肯定，我感到很欣慰。但是，如果你听过我的课或许就会对学员们的肯定产生一点疑问。因为我讲课时总是语气平缓，既不激动也不高昂，而如此缺少“激情”的授课怎么会这么有吸引力？

当我面对第一次听我课的学员们疑惑的眼神时，我微笑着说：“请允许我做我自己。”我欣赏自己的讲课风格，我给自己所授课程的定位就是经过严格研究和实证的心理科学，让学员可以脚踏实地、积极地改变一些想法和认知。

事实上，我一开始讲课的时候，只有五个学员在听我的课，但我并没有因此而改变自己的授课方式，相反，我对自己无比欣赏和肯定，我始终坚持自己的风格。就这样，到了第二年，听“幸福之道”的课程人数达到数百人。

在人生的道路上，有很多人都像我一样开始的时候成绩并不理想，但很少有人能够像我一样坚定不移地肯定自我，不为迎合市场而改变自己。而是否具有这种信念，却是人生是否幸福最初的分水岭。

事实上，没有人可以在人生的道路上永远一帆风顺，即使我们努力、认真，也仍然会遭遇很多失败。这时，我们难免会为了迎合某个人或某件事而改变自己。比如艺术家为了迎合大众需求改变其独特的创意，变得庸俗不堪；员工为了迎合上司而做本不该自己做的事，结果不但没有作出成绩，还因为精力有限在工作中屡屡出问题；妻子或丈夫为了迎合对方，而失去自我……这种迎合只会使我们远离自己的目标，对实现幸福毫无好处。

正确的做法应该是：做自己，做自己期待的人，做自己希望成为的人，即使目前还没有成功，只要不放弃这样的信念，幸福只是早晚的事情。

做自己，不要为迎合别人的期望削足适履，同时也不能太在意别人的议论。我们每个人在向着自己的目标迈进的过程中，都会遇到各种各样的困难和挫折，这其中就包括别人的非议和嘲讽。这都是正常的，我们需要做的是充耳不闻、视而不见。

当然，需要特别注意的是，不在意别人的议论并不是一种妄自尊大、唯我独尊，而是坚持自己的理念和信念，不因别人的非议轻易动摇。我们每个人都需要善意的忠告和劝告，也需要友谊雨露的润泽。许多时候，自己脸上的灰尘，身上的缺点，自己难以看到，只有通过别人的忠告才能发现。分辨出那些对自己有帮助的意见，屏蔽掉那些干扰自己正常生活的议论，才能够活出真我独特的风采，不为别人的议论而拘囿自己的心。

黄老师的幸福之道

我们要把幸福建立在自身的基础上，而不是做别人希望的风景。这就要求我们不要一味地去迎合别人，不要太在意别人的想法和议论。如果你还在为别人的议论和未达到别人的希望而痛苦，那么试着做以下几件事，或许会让你找回自信，重拾幸福。

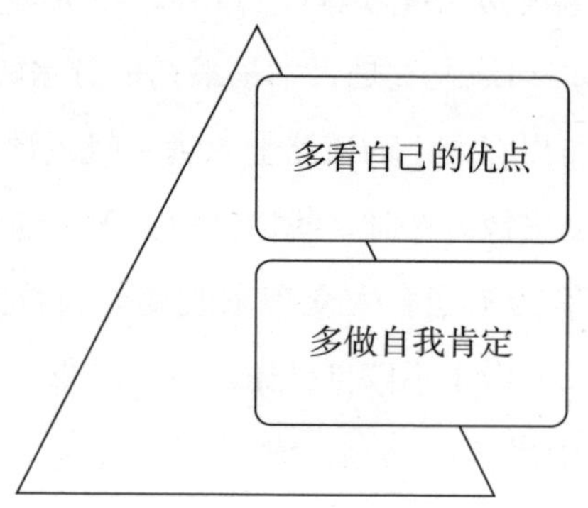

（1）多看自己的优点

若你一直把目光放在自己的缺点上，或者一直提醒自己做错了多少事，这样除了给你徒增无限的烦恼外，一点用处也没有。我们都是血肉之躯，不可能没有缺点、不做错事，但即使我们有万般缺点和不足，也还是会有那么一两个优点。我们不必过度贬低自己，在生活中，或许别人比你富裕，但你可能拥有更多的自由时光；在工作中，或许别人比你有才华，但你可能拥有更好的人缘……所以，请多发现自己的优点。

（2）多做自我肯定

在我的“幸福之道”课程中，我要求学员们做得最多的一个动作便是盲人常用的肯定自己的手势。这个手势是这样的：把右手握拳放在胸口，然后竖起大拇指。在“幸福之道”课程的开始，这个手势也是经常用到的，它会把欢乐带给大家。这种做法，让更多的学员们明白一个道理：想要幸福，首先要肯定自己。

幸福智慧

曾子曰：“吾日三省吾身：为人谋而不忠乎？与朋友交而不信乎？传不习乎？”儒家十分重视个人的道德修养，以求塑造成理想人格。在当代社会我们也应当时刻反省自己，每天睡觉之前，想想自己今天为别人做事是否尽心尽力，遇到不同意见是否做到了“受辱不答，闻谤不辩”；对他人有没有妄语、恶口等；问问自己今日行了几件好事；今天的学习任务是否完成了；或者给自己定一个目标，如果没有做到就给自己一定的惩罚。这样，就能逐渐形成良好的品格和不卑不屈的人格，成为一个成功的人。

04. 在疼痛中看清自己，与真实的自己再度相遇

一天，我正在电脑前处理工作，看到微信图标闪动，点开一看，是一位学员的求助：“黄老师，请问，一个人要如何做才能不后悔？”

点开他的微信头像，看上去似乎是个年轻气盛的小伙子，我不明白他为何会这样问，便回复他：“后悔是不可避免的，但是每次后悔都是自己的一次教训，前车之鉴，不可重蹈覆辙。”

过了好一会儿，他回复我：“……”

看来，他并不满意我的答案。

我笑了笑，关闭对话框。想起了当年的自己。

我年轻的时候，也想让自己“不悔此生”。我努力让自己每一步都走得踏实，不允许自己出一点差错。而对于那些犯错后的悔恨和悔恨中的意义，却不屑一顾。

年轻的时候，我觉得，后悔就代表自己做错了，失败就是人生的败笔，无法挽回。然而现在，假如你再问我同样的问题，我会说：“后悔无法避免，但每一次后悔都有意义。”

前几天，我在天涯论坛上看到一个备受关注的帖子，叫作“我要回到‘1997’年了，真是舍不得你们”，楼主说他马上要穿越回 1997 年了，特意发个帖跟这个时代告别，如果大家有什么话想带回过去的，他可以代劳。

刚开始，大家的回帖充满了玩笑和戏谑，大多都是“楼主一路走好，别忘了买彩票什么的”。但是，渐渐地，话锋有些转变了。

有的人希望楼主告诉过去的自己，要好好学习，不要为不重要的事浪费时间；有的人让楼主告诉自己不要在某段感情里犹豫，那个人不值得自己付出；还有人希望楼主告诉自己多花时间和亲人相处，因为那可能是最后的相伴时光。

从发出第一帖至今，已经有几年的时间了，依然有不少网友在这个帖子下面留言，也有不少网友被他人的回帖感动得热泪盈眶。

我们每一个人都想回到过去，把那些曾经遗失的、无比重要的东西找回；提醒自己哪些事情是不重要的，不用浪费时间；回去把固执狂妄的自己骂醒。表面上，人们想修改过去来改变现在，其实，大家是想通过这个帖子和过去的自己对话，找回走失的自己。

而这，也正是那些伤痛与悔恨，对于我们的真正意义。

正是在回顾过去的过程中，我们才发现什么是对自己重要的，知道自己真正想要的是什么。找回自己比改变过去更重要。假如一个人不能面对过去，接纳过去，今时今日也过不好，将来也会重蹈覆辙。

前些日子参加了一位朋友的婚礼，看着台上的新娘新郎幸福地交换戒指，同座的一位男同事感慨，如果去年自己不和女友分手，现在也能幸福地交换戒指了，脸上满是遗憾的表情。

听完同事的话，大家都沉默了，因为大家都知道他是个什么样的人，说这话也不是第一次了。几乎每一次分手后，他都追悔莫及，连连反省自己的错误，甚至想找对方复合，但好景不长，一段时间后，他又暴露了本性，结果又是不欢而散。

其实身边类似的事情不少，比如我认识的一个女孩，她谈过好几场恋爱，但每次都无疾而终；还有个大哥，隔段时间就要跳槽，在他眼里，自己的跳槽原因完全是因为同事是极品，上司压迫自己。对于他们而言，生活对自己不公平，自己永远会被辜负。

女孩从不反省自己，对方想和她分手，是因为一旦恋爱，她就 24 小时夺命连环打电话，连中午饭吃了什么，下班坐什么车什么时候回来，都要跟她汇报，久而久之，男人们觉得自己一点私人空间都没有，自然想分开。

大哥之所以不被重用，不停地跳槽，很可能就是因为他做事总是三分钟热度，缺乏团队精神，一次次耽误大家的工作进度，这样的员工，老板怎么会容忍呢?

对他们来说，就算能回到过去，有什么用呢？他们依然不会改变，剩下的人生，依然充满伤痛。

完美的人生，可望而不可即，就算我们能穿越到过去，也不能保证把过去变得令自己完全满意。想必大家都看过电影《蝴蝶效应》，里面的男孩一次次回到过去，依然得不到完美的结局，迫于无奈，他只能在第一次和深爱的女孩见面时，把对方骂跑，以此快刀斩乱麻，保护了所有的人。

电影结束时，男孩和女孩在街头重逢，画面很美好，但是谁也不知道接下来发生的是甜美的爱情，还是水深火热地彼此折磨。

生活充满了遗憾，但正是由于这些经历，才让我们的生活变得如此丰满。上帝赋予我们记忆，不是让我们“悔不该当初”，而是让我们以史为鉴，明白未来的路要怎么走。

生活赋予我们坎坷和错误的意义，也并不只是为了让我们体会什么叫作疼痛，而是在疼痛中看清自己，重新找回那个迷失的自己。

正因为如此，才有那么多人点开天涯上的那篇帖子，托楼主给过去的自己带一句话。

发帖的人根本不可能穿越，这一点看帖人和回帖人都心知肚明，但我们需要这样的平台。通过这样的方式，我们可以和过去的自己交流，在疼痛中，和真实的自己再度相遇。

黄老师的幸福之道

事实上，没有人可以在追求成功的道路上永远一帆风顺，当我们遭遇失败的时候，难免会悲观、失望，甚至否定自己，但这种自我否定只会使你远离成功，对你并无好处。这时我们可以在这些疼痛中看清自己，肯定自己的价值，从内心深处来宽恕自己，欣赏自己，以激发自我潜能，让自己更加接近成功。建议大家可以试着尝试以下的方法。

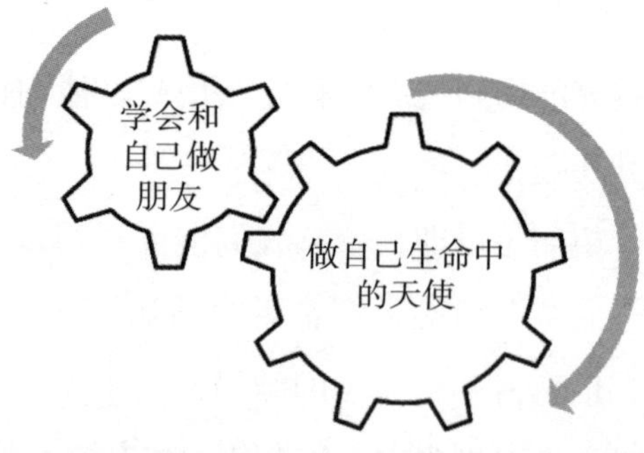

（1）做自己生命中的天使

人在遭遇困境时，最可怕的不是困难本身，而是自暴自弃的厌世心理。自暴自弃是一条啃噬心灵的毒蛇，它吸取心灵的新鲜血液，并在其中注入厌世和绝望的毒液。当人生遇到挫折的时候，我们要学会做自己生命中的天使，杜绝自暴自弃心理的入侵，乐观、自信、积极向上，带领自己走出困境，重新拥抱生命中的幸福。

（2）学会和自己做朋友

和自己做朋友，既是与自己的心灵对话，更加坦诚、公正、诚实地看待自己，也是平心静气客观地看待身边的人和事，培养自己淡定从容的心态和品格。更重要的是，学会了和自己真心相处，便学会了和自己相伴，也享受了翱翔于心灵世界的那一份轻灵。

幸福智慧

子贡问曰："有一言而可以终身行之者乎？"子曰："其恕乎！己所不欲，勿施于人。"子贡问老师：有什么话是可以使我终身实践，并且永久受益的吗？老师回答说：如果有这么个词，那大概就是宽恕吧。什么叫宽恕呢？老师又加了八个字作为解释，叫作"己所不欲，勿施于人"。就是你自己不想干的事，就不要强迫别人干。人一辈子做到这一点就够了。我常常求全责备，苛责别人也苛责自己，到最后发现谁都很累。从《论语》中我找到了答案，宽恕可以使人终身受益。

05. 幸福就是别把自己太当回事

你有没有过这样的经历：

你新买了一件衣服，觉得非常适合自己的形象和气质。第二天，你兴致勃勃地穿着这件新衣服去上班，准备好了接受同事们的夸奖和赞叹。

到了公司，大家很自然地和你打招呼、聊天，完全没有人注意到你的新衣服。无论是赞美还是批评都没有，你的新衣服在大家的眼里完全不存在。你在紧张不安的心态中等了一天，下班的时候心情极度郁闷，因同事的忽视而觉得委屈不已。

可是，你能怪谁呢？你的同事没有错，你渴望得到夸奖的心理也没有错，错的是你把自己太当回事了。你以为自己是办公室的焦点，你的新衣服理所应当受到赞美，可事实是并没有那么受人关注。

很多人都存在这种自我意识膨胀的心理，觉得自己很重要。可实际上，地球没了谁都照样转。所以，我们永远都不要高估自己在别人心中的位置，这样才不会跌得太惨。这并非妄自菲薄，也并非是对自己能力的否定，更不是对自我的瞧不起。事实恰恰相反，别把自己太当回事，正是出于对自己正确客观的认识。

我出生在广西百色市的一个小县城里，小时候我成绩优异，便认为老师和同学一定会很重视我。有一天，我突发奇想，决定跟大家开个玩笑。上课前，我故意躲在厕所里，想等到大家找不到我时再出来。

令我大为尴尬的是，同学和老师丝毫没有注意到我的缺席。我一直在厕所里等了足足半个小时，眼看一节课都要过去了，我自己才蔫蔫地从厕所走出来。

自那以后，我明白了一个道理：永远不要把自己看得太重要，否则迟早会大失所望。

我们往往会不自觉地放大自己在他人心中的影响力，这是大多数人的通病。也许我们在家中是核心人物，在单位里也是很重要的一员。但若脱离了这个圈子，我们就什么都不是。我们工作的单位虽然看起来什么事都离不开我们，但如果我们离职了，很快就会有人来替代我们。公司绝不会因为没了我们就关门大吉，不信你可以试试看。

别把自己太当回事，是一种获得幸福很好的方法。你是否做过这样的傻事：为自己过去的一句话、一个动作、一次表现等微不足道的事情而烦恼、懊悔，不能原谅自己？为一次着装的不妥当、对某件事的偏激态度而耿耿于怀，恨不能抓住所有的人解释一通？

实际上，这只是你心中自我意识的刻意放大。你在别人心目中的地位，永远没有自己想象的那么重要。你在意的这些“大事”，在别人眼中只是些细枝末节的小事，甚至够不上茶余饭后谈资的水准。

我一直坚持一个发型多年，有一天，我想换一种发型。可我又有点儿犹豫：朋友、同事、学员会怎么想，他们会不会取笑我？

经过数天的深思熟虑，我终于下定决心换个新发型。第二天上班时，我已经做好了心理准备，接受大家的各种评判。结果让我感到遗憾的是，没有一个人对我的发型提出任何意见。同事们来到办公室，按部就班地做着自己的工作，尽管有很多同事来到我身边和我讨论工作上的事情，但直到中午，也没有一个人对我的发型说过一个字。

中午吃饭时，我忍不住问同事：“你觉得我今天有什么不同？”

同事用奇怪的眼神认真地看了我一眼说：“没有啊！”

“那你看看我的发型，是不是和以前不一样？”

同事又认真地看了我的头发说：“哦，你染了头发。”

很多时候，我们都是在自寻烦恼，正如我一样，所有的犹豫和担心都没有必要，你在别人眼中没有那么重要。

回过头来想想，我们每天会花多少精力去关注别人？我们会牢牢记住别人的一次失误或尴尬吗？不会。我们都不会在那些与自己无关的事情上花费太多的心思，其他人也是一样。所以，有些焦虑和烦恼不过是杯弓蛇影的自恋和庸人自扰。

幸福就是别太把自己当回事。对自己的重要性没有过高的期待，为人处世就不会那么骄傲，就能够心平气和地与他人相处，也少了在被重视与被忽视之间上下颠簸的辛苦。我们都知道希望越大失望越大的道理，如果从一开始不把自己看得那么重要，即便摔下来也不会跌得那么惨了。

黄老师的幸福之道

如今的青少年大多都是独生子女，这也造成他们自我意识膨胀的心态，觉得自己很重要。可实际上，地球没了谁都照样转。所以，我们永远都不要高看自己在别人心中的位置。这并非妄自菲薄，也并非是对自己能力的否定，更非对自我的瞧不起。恰恰相反，别把自己太当回事，正是出于对自己正确客观的认识，因为这才是事实。下面，我就教大家一个剔除这种心理的方法。

这个方法很简单，就是经常照照镜子。请读者不要简单地把“照镜子”这个动作理解为我们每天出门前的揽镜自照。这里的“照镜子”不仅是要让我们看到自己的外表，更重要的是我们要看到自己的内心和灵魂。我们要在镜子面前认识到自己过去的种种不足，忏悔以往的过错和罪责，客观地认识自己身上的优点和缺点，你是否正直、勇敢、善良、自信、无畏、大度、宽容？你必须自己给出答案，这才是真正的你。

幸福智慧

《礼记・中庸》：“莫见乎隐，莫显乎微，故君子慎其独也。”不要因为是在别人看不见、听不到的地方而放松自我要求，也不要因为是细小的事情而不拘小节，道德原则是一时一刻也不能离开的，要时刻用它来检点自己的言行。即使一个人独处、无人注意的时候，也要谨言慎行，不做失道失德的事。

06. 不要过分追求完美，做你自己就行了

我在授课时有一个习惯，就是会在讲课的过程中向学员们讲述那些我

感触很深的人生经历。我经常向学员们讲述这样的一段自我经历：

我的妻子是一个勤劳、善良、美丽的女人，在我刚与她结识时，在我的眼里，她就是一个完美的人。然而，等我们结婚生活了几年后，我开始系统而全面地审视妻子，我发现妻子并没有我认为的那样完美，我看到了妻子的成功和优点，也看到了妻子的失败和缺点。她精力充沛却有些苛刻，有活力却偶尔也会怨天尤人……

从妻子身上我发现，原来没有哪个人是完美的。现实中，人们常常会因为追求完美这一根本不可能达到的目标而将自己陷入尴尬、疲惫、失望和孤独之中。不接受自己不完美的人往往很难认识到或者接受自己的错误和缺陷，总是轻易地被羞愧击倒。

的确，正如我从妻子身上得到的启发一样，我们都应该接受不完美的自己。如果一个人不能够接受不完美的自己，他就无法认识到自身的不足，进而无法超越自我、完善自我，也就不可能取得成功。而这对渴望获得幸福的人而言，显然是不利的。

追求完美并不是一种积极的表现，反而是一种排斥、逃避现实的体现。并且，追求完美往往给我们带来更多消极影响，而非积极影响。因此，从幸福的角度来说，追求完美是不可取的。我提倡的是：追求优秀与完善的自我，但允许自己有些许不完美。

一味追求完美是没有必要的。那种绝对意义上的完美只是“水中月、镜中花”而已。而且，西方心理学家已经指出，过度追求完美实际上是一种消极心理，不利于身心健康。

去年，我在给学员们上课时，其他学员告诉我，班上的一个学员获得了企业优秀员工奖，还升职了。我问那个学员：“你此刻幸福吗?”这位学员却说：“我还不够优秀。有时候，我想快速获得成功；有时候，我又不够努力。有时候，我不遵从领导和同事的指导；有时候，我不听从自己的安排。我讨厌在任何事情上犯错，不仅是工作上。”

从这位学员的叙述中可以看出，他是一个追求完美的人，无论是在工作上还是在生活中，他都不容许自己有丝毫错误。或许有的人会说，如果不是他力求完美，高标准要求自己，他怎么能发愤图强，获得这么好的成绩呢？

不可否认，这有一定的道理。幸运的是，这位学员最终获得了好成绩，虽然他并不觉得幸福。试想一下，如果他没有获得他想要的结果时，他是不是会陷入脆弱之中，会表现出沮丧、忧郁等情绪呢？

对此，研究完美主义的心理学教授戈登·弗莱特通过不断地实验和调查发现：完美主义者虽然有不同的表现形式，但不管是何种类型的完美主义者，都会有心理问题，譬如沮丧、焦虑、饮食紊乱等。

具体地说，心理学家们把完美主义者分为三种类型：

第一种类型是自我型。这类人通常会为自己制订一个目标，并一直朝着这个目标努力。比如有一个外企的销售总监，他在企业里的销售记录至今为止还没有人打破，但他仍然不满意，对自己感到很失望，认为自己可以做得更好。于是他陷入了自我批判、沮丧失望的情绪中难以自拔。

第二种类型是认为别人对自己有着很高的期望，于是希望成为别人期望的样子。这类人在情绪上比较压抑，即使在面对他人不合理的要求时，他们也会逼迫自己达到别人的期盼值。他们希望自己在别人心中是完美的，所以特别在意别人对自己的看法。一旦别人对自己的看法不符合自己的预期时，就会产生不良情绪。

第三种类型是拓展型。这类人不仅自己是个完美主义者，同时也要求身边的朋友、家人甚至同事都是十全十美的。通常，这类人的人际关系非常糟糕，常常是孤零零的一个人。

不管是心理学家对于完美主义者的研究证明，还是我对“幸福之道”的研究，都说明了这样一个事实：过度追求完美是完全没有必要的。只要我们能在大多数事情上表现得优秀，小地方的不足反而是一种亲切和真实的表现，能成就我们现实中的完美。

黄老师的幸福之道

我一直提倡“不要过分追求完美，只做更好的自己”的幸福之道。我认为不过分追求完美是每个人都应该明白的道理，不管到什么时候，都应该明白自己总会存在一些不足。有时候，正是这些不足才让自己显得更加可爱、真实。下面，我将为读者分享几个自我接纳的方法。

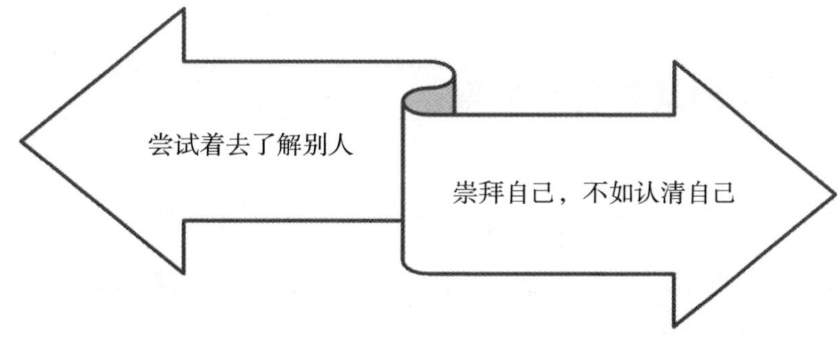

（1）尝试着去了解别人

小时候，父母总是喜欢对我们说“看看别人家的孩子……”，这会给你一种错觉：别人家的孩子都很好，就自己最差。事实上，每个人都有优缺点，或许他有的你没有，但同样，你拥有的他不一定有，只是你不知道而已。所以，尝试着去了解别人，你就会知道对方和我们是一样的，他也没有很完美，这样你接纳自己就容易很多。

（2）崇拜自己，不如认清自己

在我们每个人的生命中，都会遇到这样一些人，他们比我们完美，总是让我们不禁用羡慕的眼光仰视着，并在心里暗暗发誓，总有一天也要成为他们那样的人。这是一种盲目地崇拜，并且我们也不必费尽心思地追着别人的影子跑，只要冷静下来认真地审视自己，你会发现自己身上也蕴藏着巨大的潜能。

幸福智慧

《论语》里说："君子之过也，如日月之食焉；过也，人皆见之；更也，人皆仰之。"所谓瑕不掩瑜。日食月食，太阳月亮暂时好像被黑影遮住了一样，但月亮最终也掩不了太阳的光辉。君子有过错也是同样的道理，有过错时就像日食月食，暂时有污点或有阴影；一旦承认并改正错误，君子原本的人格光辉又焕发出来，仍然不失为君子的风度。

07. 想要得到就要自己争取

在我跟学员沟通时，我发现：对于自己想要得到的东西，很多人喜欢拿"有福之人不用忙，无福之人跑断肠"这样的话来安慰自己，久而久之好像也真的觉得是那么回事。

在现实生活中，似乎有的人什么都没有做就得到了自己想要的东西，而有的人不管怎么努力也总是差那么一小步，好像好运本来就是自己跑来的，根本就不需要努力和争取，因为努不努力、争不争取没有任何意义。

在这里我要明确地告诉读者：这种错误的宿命论的观点，只是为自己的懒惰找借口罢了，并无任何科学根据。

首先，我们认为的"有福之人"未必就是一直闲着在等天上掉馅饼，我们只是没有看到他们的努力而已，可能因为你没有看到就说没有，这显然很不客观。

其次，我们所做的努力并没有白费，虽然永远离成功都只差一小步，但是如果我们不争取，恐怕连接近它的可能都没有。

最后，如果我们本身选择的就是一条错误的道路，那么我们在错误的道路上努力当然不会有好的结果，而我们又习惯性地用“不幸”来粉饰太平、文过饰非，那就别怪不幸一直会追着我们不放了。

想要得到就要自己争取，并不是要我们拿来当作口号宣扬的，而是要积极行动起来。

我们得到加薪就要做出突出的业绩，光靠口头要求是不会实现的；想要升迁，就要有过人的能力，只知道表达自己的主观愿望自然没有任何说服力；想要钓到金龟婿，就要先把自己变成诱人的鱼饵，别以为拿着个空鱼竿在对方面前晃两下人家就会上钩；想要成为一个成功者，就要先从一点一滴的小事做起，别幻想一开始就能成为某上市公司的 CEO（首席执行官），即使真给了我们那个位置，我们也未必做得来。

成功靠争取，但绝不是脱离事实、空口白牙的叫嚣，而是选准方向、脚踏实地去努力。没有任何成功是上天赐予或凭空捏造的，然而有很多人却不愿意付出劳动，往往是得不到就干脆得过且过了。

现实生活很容易让人产生惰性，会让人觉得好像这样的生活也并不是过不下去，于是便失去了争取更好生活的动力。而这种动力正是老天所赐予我们的幸福，我们自己没坚持住却怪人家，未免有些太不讲道理。

另外，很多人认为自己的主动争取是一件非常“掉价”的事，同时还会暴露出自己过强的占有欲和企图心，于是遮遮掩掩，宁可不要也不想被别人非议。这种自命不凡、盲目骄傲又装腔作势的人其实并不讨人喜欢，既然自己有欲望何必非要掩饰，有企图心并不是一件坏事，成功的人最不缺的就是企图心，既然生在这个世俗的社会又想要获得成功，那就放弃不食人间烟火的“神仙”做派，放手去争取自己的幸福。没有什么不好意思的，我们得到的都是我们想要的，总比别人硬塞进手里的那些我们不想要的东西要强得多。

最后要记住：如果我们不选择命运，命运就会选择我们。倒不如主动选择、主动争取，选择自己喜欢的，争取自己想要的，这才是获得幸福的明智之举。

黄老师的幸福之道

想要得到就要自己争取，这是永远的幸福之道。如何做到呢？你可以试试以下几个方法。

①身处逆境时，多发掘事物积极的一面，否则“一夜白头”也于事无补。

②坦然面对问题、坚定立场、学会沉默，不要急于澄清。

③冷静出智慧，遇事多想想解决方法。

④淡泊名利。不要老和别人比得失，多看人家的付出，知足常乐。

幸福智慧

《周易》里说：“天行健，君子以自强不息。地势坤，君子以厚德载物。”君子处世，应以天为榜样，既有原则又刚毅坚卓，力求进步、发奋图强、永不停息；大地的气势厚实和顺，君子应增厚美德，容载万物。

第4章 行走在幸福的六个台阶上

——珍惜现在，拥抱幸福

我们每个人都在追寻着幸福，渴望着幸福，但真正能感受到幸福的人并不多。其实，幸福就在我们眼前，它就像一个个小小的颗粒，只要我们用心去感受身边的事，去捕捉和收集一点一滴的幸福，就会发现，其实自己很幸福。

01. 幸福的前提：珍惜当下，活在当下

我刚到深圳的时候，由于找不到合适的工作，我和几个朋友一起摆过地摊、开过小店。那时的生活并不顺心。我曾一个人在南方湿润的天空下为明天忧虑，也曾一个人在孤寂的黑暗里彻夜难眠，也曾在受了莫名的委屈之后忍着悲伤给家里说自己现在很好。

有一次，我因为淋雨而发高烧，一个人躺在一个小诊所里，身边没有一个人。外面的雨一直淅淅沥沥地下个不停，那一刻，我心中的悲凉和失落几乎让我无法承受。突然我感觉命运特别喜欢跟我作对，一次次让我承受突来的变故，总不给我想要的生活。

或许是一次次无奈，让我明白我现在的力量还太薄弱，我必须脚踏实地地去积累，只有自己强大了才能保护自己。正是那一次次的困境，让我明白人生本来就不可预测，我必须活在当下，让自己不留遗憾；正是那一次次挣扎，让我懂得如何走向终点，面对各种状况从容淡定，渐渐成为一个有阅历和经验的人。

更实际一点地说，如果没有以前受的苦，我或许不能成为“幸福之道”的首席讲师。因为没有经历，也就没有对人生的感悟，生活如同一杯白开水，有什么好讲的呢？

所以，人活在当下时是最快乐和幸福的。我们大多数人用很多时间去胡思乱想，而这段时间最不快乐，即使想的是愉快的事，也容易让人陷入伤感、哀伤等消极情绪中。比如，人们很容易用曾经的快乐对比现在的平淡，并因此而哀伤。

也就是说，如果我们能够调整自己的心理，让自己活在当下，我们的幸福感会大幅提升。活在当下是一种积极的、能带给我们幸福的心理力

量。遗憾的是，人们总是因为这样或者那样的原因，让这种力量沉睡，从而感到不幸福，感到痛苦、忧虑、哀伤。

一般来说，我们大多数人都觉得自己的幸福是在过去或者未来，而不是当下。显然，认为幸福已经过去的人往往是经历过什么变故，一时难以接受巨大的落差。然而，这一切都只是暂时的。人都有适应环境的本能。无论怎样痛苦，这种本能都能将人治愈。

我的一位朋友曾经有一段时间因一位至亲的逝去而非常痛苦，他感觉曾经彼此在一起的幸福时光再也不会有了，他甚至觉得已经没有了继续活下去的力量。为此，他向我请求帮助。我告诉他："其实，现在任何人说什么，作用都是非常有限的，但是你一定会从伤痛中痊愈，无论现在这痛苦和悲伤有多么强烈。在时间的流逝中，适应环境的心理本能会发挥出它的作用。"

后来，他用了很长的时间来适应失去至亲的生活，平复了悲伤，恢复了生活的动力。而他曾经以为的"幸福已逝"只不过是当时的片面性看法，现在的他依然幸福。

适应性是人的本能。这种本能能够帮助人们走出痛苦、平复哀伤。但是，它也会让我们对当下的幸福视而不见。因为太过熟悉，所以习以为常，不再放在心上，时常忽视。

比如，每天都与家人在一起，被他们关爱，因为这是习以为常的事情，便不觉得这是一种莫大的幸福。直到有一天，由于某种原因而独自一人漂泊异乡时，我们才意识到与家人为伴是一种多么大的幸福。只是当时自己的所思所想往往是另一种幸福，如事业有所成就，追求到自己喜欢的人等。

人就是这样，因为太过熟悉、适应而忽视了当下的幸福，却总是在想过去、想未来，在胡思乱想中蹉跎了自己的幸福。渴望幸福的我们，需要让自己活在当下。当然，这并不是一件容易的事。

黄老师的幸福之道

在“幸福之道”的课堂上，我总是不厌其烦地提醒学员们：珍惜当下、活在当下，这是感受到最真实的幸福的前提。那么，我们在日常生活中是否做到这一点了呢？珍惜自己的父母、爱人、孩子，珍惜倾洒在自己身上的阳光……当我们学会了珍惜身边的点点滴滴，我们就会懂得品味它们、欣赏它们、关注它们，而我们也会觉察到生活在当下的能力正一点一点被唤醒。为此，我为大家提供了两个方法，大家不妨参考一下。

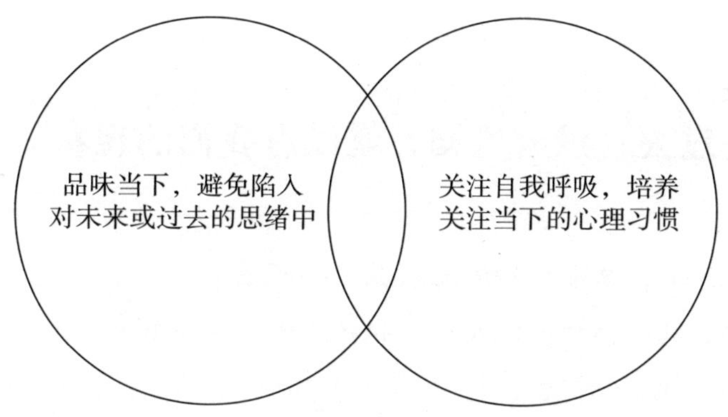

（1）品味当下，避免陷入对未来或过去的思绪中

所谓品味，我将之定义为欣赏或纵情享受你在当下所做的任何事。也就是说，当你在喝一杯咖啡时，别去想它没有你曾经喝过的可口，也别制定目标——明天我要喝更加可口的咖啡，只需要品味当下——咖啡厅里音乐悠扬，夕阳透过玻璃窗洒进来，咖啡杯晕着夕阳的华彩，咖啡勺与杯子轻轻碰触，发出“当”的一声轻响，你将牛奶加入咖啡中，白色在棕黑色的咖啡中一点一点散开……这一切真是美极了，身处其中的你感到宁静而幸福。

（2）关注自我呼吸，培养关注当下的心理习惯

将注意力集中到自己当下的感觉上，能够帮助人们平和心境，抵御不良情绪。对于唤醒活在当下的心理能量来说，没有比关注自己的呼吸更好、更简单的方法了。呼吸是与我们时刻相伴的东西，因此，关注呼吸能

够有效地帮助我们将自己的精神集中于当下。虽然，这需要我们有意识地来完成，且维持的时间往往也不长，但是时常这样做有利于让潜意识形成关注当下的心理习惯。

幸福智慧

《弟子规》里说："朝起早，夜眠迟，老易至，惜此时。"告诉我们要遵循正确的休息规律。陶渊明："盛年不重来，一日难再晨。及时当勉励，岁月不待人。"把握光阴及时努力，岁月不等人，幸福就在珍惜的当下。

02. 放下过去：没有当初，就没有我们的现在

在生活中，我常常听身边的人说"早知道……就不……"，每当我听到这样的话，我都很想反问对方一句："既然你不知道，又怎么做选择。难道我们有超能力能预测未来？"

有这样两个人：

一个人经常和一群人在酒馆喝大酒，另一个人则在家对着一张照片喝大酒。

在家对着照片喝大酒的人是因为错过了深爱的女人，眼睁睁地看着她嫁给别人，所以他很痛苦；在酒馆喝大酒的人是因为他虽然和自己当时深爱的女人结婚了，可是婚后矛盾渐渐暴露，两人经常吵架，日子过得很痛苦。

这两个人在生活中最常说的一句话是："如果上天再给我一次机会，就一定不会是今天这个样子。"

可是，就算回到"当初"，他们真的能做出让自己满意的选择吗？就算如此，又能怎样？不管选择是什么，都会遇到碰撞和摩擦的。

也许，选择另一种方式不会有今天的这种烦恼，但是仍然会出现其他

的烦恼。我们在遇到困难和不幸的时候，懊悔当初的做法，可没有当初，怎么会有我们的现在。

我们现在浪费时间去后悔当初做的事情，结果错过了现在应该做的事情，难道以后我们又要花时间悔恨今天的过错吗？

我认为正确的做法应该是，我们要想“现在我应该做什么？”而不是“当初我真不应该这么做。”吃一堑长一智，吸取前车之鉴，我们会获得更多。

一天，我在电梯里听到这样一段对话，男孩对女孩说：“你能过上今天这样的生活，真应该好好感谢你之前的单位。”

女孩回答：“每个人都应该感谢过去的经历，没有实际经验的沉淀，哪有现在的成功。”

真想为这个女孩鼓掌。

我曾经对我妻子说：“你要是知道我过去是什么样子，一定不会嫁给我。”

我妻子答道：“正因为有过去的经历，才造就了今天的你，不管过去的你如何，我爱的是现在的你，没有过去你的经历，就没有现在的你。”

妻子的回答让我深受感动。

事情发生的时候，我们总把“如果当初……”挂在嘴边。后悔当时为什么不做另一个选择。

“如果当初我认真学习，高考就不会这么差了。”

“如果当初我对她好点，说不定我们的孩子都两岁了。”

“如果我当初听家人的话，就不会被骗了。”

“如果当初我没出来打拼，说不定在老家房子车子都有了。”

……

其实，“如果当初”这个设想本来就是个伪命题。人生没有回头路，我们已经选择了这条路，并且也无法保证另一条路一定比现在好，毕竟没有什么事情是绝对的。

过去的都已经过去了，如果我们总是寄希望于“如果当初”，就没办法放眼未来，又怎么为将来幸福的生活而努力呢？

我们要相信，时间是治愈一切的良药。不管曾经是苟延残喘，还是辉煌灿烂，时间都会磨平一切。所以我们没有必要沉浸在往事的泥潭里无法自拔，尘封的回忆就让它在箱底安静地沉寂。是是非非，早该被埋葬。只有忘掉痛苦的记忆，拔掉心里的杂草，才能从心底里开出最美的花。

黄老师的幸福之道

珍惜当下、活在现在，这是感受最真实的幸福的前提。我们如何做到这一点呢？在这里教大家一个应用“心流”的方法。

心流是一种全身心投入一项事情，而忘记周围其他一切的状态。当人们进入心流状态时，其注意力往往会非常集中。这时，我们完全感觉不到时间的流逝，即使好几个小时已经过去，也不会注意到。处于心流中的我们，内心会被一种充实感占据，没有多余的心力去担忧、焦虑。而全神贯注带来的成功会带给我们成就感，强化我们内心的幸福体验。

进入“心流”是有一定方法的，具体来说，分三步进行：

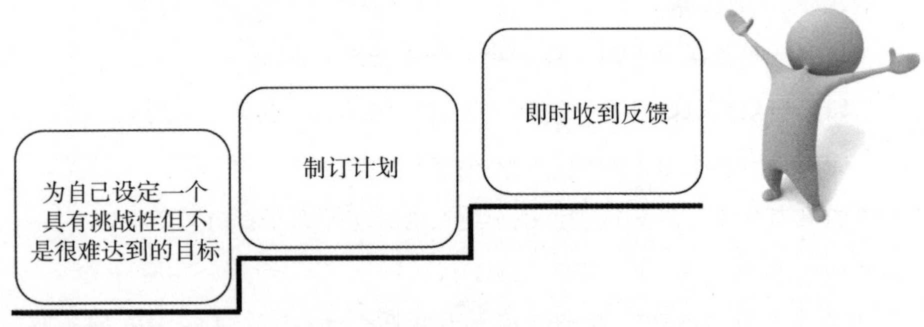

第一步：为自己设定一个具有挑战性但不是很难达到的目标，这样的目标能够给我们一定压力，而这种心理压力刚好可以使我们集中精神、竭尽全力地去努力，并且不会造成很大的心理负担。

第二步：最好能事先制订计划，以便自己始终清楚下一步做什么，这样我们做事时便能有条不紊，有效防止不必要的思绪。

第三步：我们所做的事情最好能够帮助我们直接并即时收到反馈，由于成败一目了然，所以我们可以专注于调整自己的行为，进而更加全神贯注，如登山，每登一步，我们都知道落脚点是否安全，从而及时调整。

幸福智慧

席慕蓉说："生命是一条奔流不息的河流，我们都是那过河的人。"生命中那段芳香岁月叫青春。弹指芳华，摇落多少有关青春的往事；跌跌撞撞，我们在磨炼中成长。青春的左岸记录着我们的现实，青春的右岸承载着我们的梦想，而中间则是无穷无尽的穿梭。古希腊的哲学家赫拉克利特曾经说过："人不能两次踏入同一条河流"。河在不停地流动，当人第二次踏入这条河流时，接触到的已经不是原来的水流，而是变化了的新水流了。对于过去，不必追、不须恋，感恩与放下过去才是最好地活在当下。

03. 设定合理幸福的"幸福基准线"

凡是对"幸福之道"有所研究的人，都知道泰勒·本－沙哈尔先生，我也不例外。沙哈尔是哈佛大学心理学硕士、哲学和组织行为学博士，我在研究"幸福之道"的过程中，阅读了很多他所著的关于"幸福"的书籍。

在一本名为《幸福到底是什么》的书里，沙哈尔有这样一个观点。

> 人的幸福感往往在自己为自己设定的“幸福基准线”上下徘徊，就如同价格围绕着价值上下波动一样。我们要想拥有更多幸福，就一定要提升自己的“幸福基准线”。

我认为沙哈尔的意思是，我们每个人对幸福的定义不一样，当我们的幸福标准发生变化的时候，我们对幸福的体验也会发生变化。

就好比一个人遭受了一次非常严重的恋爱打击，刚开始，他觉得自己这辈子再也遇不到那个对的人了，也许会孤独终老。但是，一段时间过后，当他的情绪慢慢平复下来，心里的伤口慢慢愈合，有一天他发现阳光灿烂，春暖花开，那种幸福感又回来了。

又好比一个人一直买彩票。这次老天爷眷顾他，竟然中了大奖，奖金50万元，虽然不是头等奖，但突然掉下来这么大一笔钱，足以让他从睡梦中乐醒。接下来的一段时间，他购物、旅游、胡吃海喝……一转眼一个月过去了，这一个月他过得非常快乐，非常幸福。但这种幸福很快就烟消云散了，现在他比以前富有了，却没有给他增加幸福感。

可见，沙哈尔口中的“幸福基准线”是存在的，一个人设定的基准线越低，他就越能感受到幸福。

现实生活中，有很多人总是抱怨自己不幸福，我们有没有想过，是不是我们把幸福的标准定得太高了？我认为，如果我们能够把“幸福基准线”设定得满足下列条件，我们的幸福感就会得到提升。

(1) 用“幸福基准线”去考量过程，而不是结果

我们往往把注意力放在事情的结果上，常常忽略事情的过程。如果结果令人非常满意，我们就感觉非常幸福；如果结果并不完美，我们就会十分沮丧，幸福感也会大打折扣。所以，我们总觉得幸福太少，烦恼太多。这是因为，我们把“幸福基准线”的考量对象弄错了。

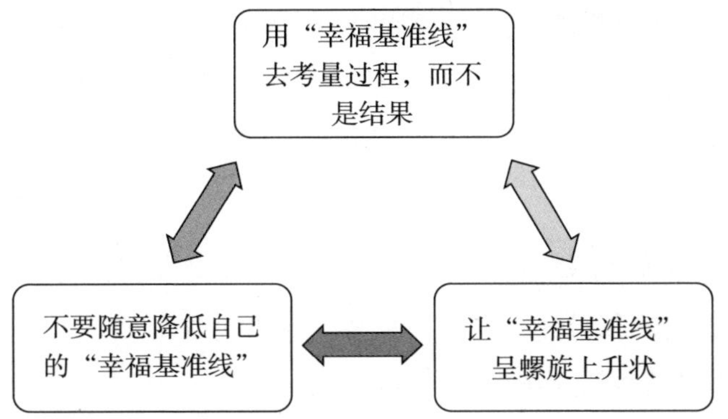

所有的事情，完成的过程都是漫长的，结果只是一瞬间的事。如果我们把“幸福基准线”的考量对象放在结果上，那感受到幸福的时间必然很短暂。反之，如果我们用“幸福基准线”来考量完成事情的过程，那么我们就能随时感受到幸福。

也就是说，我们如何设定“幸福基准线”，决定了我们能感受多少幸福。因此，渴望幸福的我们要把“幸福基准线”的关注点放在过程上，而不是结果上。

（2）不要随意降低自己的“幸福基准线”

在研究“幸福之道”的过程中，我发现了一个很有意思的现象：之前的很多心理学家、哲学家都认同“知足常乐”的说法，为了让人们不因失败而痛苦，他们一直鼓励人们把“幸福基准线”设定得低一些。

对于这种说法，我是不认同的。

我的一个朋友将要面对公司的季度考核，为了给自己增强信心，减轻考核失败的挫败感，他给自己定了70分的目标。考核成绩下来后，他得到了85分，比目标分数高出15分，回到家里，父母说：“考核怎么样啊？是不是满分？这次一定能涨工资吧。”打开朋友圈，看到朋友发的状态“真开心，考核85分，虽然不是满分，但也满足啦！”

面对父母的期望，面对比同事更高的分数，他达到了自己的“幸福基准线”，所以他感觉很快乐。

面对这种情况，你可能会说，这叫知足，真正懂得知足的人，不会跟别人比较的。但是，不比较，哪儿来的进步呢？没有进步，这一天天过得还有什么意义？

降低“幸福基准线”的做法并不有效。但是，把“幸福基准线”定得太高会打击我们的积极性，降低幸福感。可见，过高或过低的“幸福基准线”，都不能带给我们幸福。

比如说，我们刚刚步入社会，我们想大展拳脚，拼出一番自己的事业，那就放手去做吧。如果因为他人的建议改变了自己的“幸福基准线”，勉强自己待在不喜欢的岗位上，这样做不仅浪费时间，成功的机会也可能会被错失，并且自己也不会感到幸福。

（3）让“幸福基准线”呈螺旋上升状

人生路漫漫，不同阶段，人们对幸福的定位不同。小时候，得到一根棒棒糖就是幸福；上学了，考到全班第一就是幸福；上大学，能拿到奖学金就是幸福；参加工作了，有一份稳定、高薪的工作就是幸福。然而，随着时间的推移，我们的精神世界越来越丰富，简单的满足已经不能让我们感到幸福，但是温暖的家庭，甜蜜的爱情会带给我们极大的幸福。

说到这里，就要谈及人本主义心理学家马斯洛著名的“人体需求层次”，即生理需求、安全需求、社交需求、尊重需求、自我实现需求。在这五个需求里，生理需求是人类最本能的需求，但是人类从中得到的满足感非常少；人类的最高层次需求是自我实现需求。我们在满足自己心理需求的时候，都是先实现基础的，再追求高层次的。越往后，人们体会到的幸福感越深刻。

所以，如果“幸福基准线”一直停留在一个水平，当我们达到这个基准线时，就再也没有追求了。比如，我们设定获得足够的财富作为“幸福基准线”，但当我们获得了财富，我们会发现生活中少了朋友、少了家人，我们并不快乐。

我之所以放弃待遇更好、收入更高的工作而选择从事“幸福之道”及中国传统文化的推广，让更多的人幸福，也是这个原因。我的“幸福基准线”不再是金钱及他人的认可，而是已经上升到了自我实现的层次。我在推广“幸福之道”及传播传统文化的过程中实现自我，获得了幸福。

所以，归纳我以上的观点：一个人的“幸福基准线”不应该随意降低，要呈螺旋上升状，要用“幸福基准线”考核过程，而不是结果。所以最后的结论是：渴望幸福的我们一定要为自己设定合理的“幸福基准线”。

黄老师的幸福之道

每个人对“幸福基准线”的设定不一样，所以幸福往往是可望而不可即的。所以，大家可以按照上面说的设定“幸福基准线”的方法去尝试一下，或许幸福会给你意外的惊喜。

幸福智慧

《易经》里说：“取法乎上，仅得其中；取法乎中，仅得其下。”一个人制定了高目标，最后可能只达到中等水平，而如果一个人制定了一个中等的目标，最后很有可能只达到低等水平。无论是治学还是立事，一定要志存高远，并为之努力奋斗，才有可能走向幸福之道。

04. 幸福的必要条件：一个人要有德行

我记得有一位教育家曾这样描述过幸福：

“幸福，真的是人言人殊，因为她之精妙，在乎一心。”

他这句话的意思是说幸福是生理和心理的双重快乐。然而，对于这句话，我却有不一样的理解。

我认为，不管是谁，真正的幸福，应该是合乎道德的。没有遵守道德而获得的幸福不能称为真正的幸福，不然贩毒、偷盗、嫖娼、贪污、诈骗、拐卖等恶行都要列入幸福的范畴了。

对于幸福，我们每个人都有自己的标准和要求。然而，不管是什么样的标准和要求，都不能为了幸福而为所欲为，要遵守道德的约束。道德就像我们心里的一部宪法，规范了人类行为的基本准则。如果对自己的行为不加以约束，违反道德，会被周围的人群唾弃、鄙视、孤立、嫌弃，就会生活在别人无尽的口水和异样的眼光中。

同时，道德也是实现幸福的源泉。对此，我和英国哲学家约翰·洛克有一样的观点，在他的心理学书籍里有这样一段认识：

> 一个身体和精神都健康的人，就是幸福的人了。而精神健康指的就是有良心、守德义、德行好，一个德行不好的人其精神就是不健康的，精神不健康的人是不会幸福的。人作为群居动物，人际关系的好坏也会决定他的幸福程度，而德行好的人才会被人群接纳和喜欢。

不管是约翰·洛克先生，还是我，都想告诉大家这样一个事实：幸福的必要条件，就是一个人必须要有德行，并且要将这个德行运用到实际生活当中。

当我们做了有益于他人、有益于社会的事情后，内心的欢愉是任何物质都无法替代的。我们越是沐浴在道德的光辉下，就越能远离一切烦恼，越能感到幸福。

为了向学员们传授道德这一“幸福之道”，我经常会向学员们讲述这样一个故事：

一位父亲常年在海岛工作，当假期来临时，他通知妻子让他的四个孩子去他所工作的海岛游玩。因为他工作的海岛附近岛屿较多，他给妻子画了一张航海路线图。

四个孩子兴奋地上了船。船行驶到半路，孩子们发现途中有很多风景优美的小岛，岛上有各种令他们垂涎的果子。他们中有人提议停船靠岸去摘一些尝尝。

这个提议遭到了大哥的反对，他认为这样做偏离了父亲的航线，并且小岛上安全与否，也是未知数。所以，他极力阻止弟弟妹妹们前去。二哥认为可以去，他觉得自己可以保护自己以及弟弟妹妹。三妹、四弟都想去，因为他们太想吃那些诱人的果子了。

大哥拗不过他们，便提醒三兄妹不要走散，不要走得太远。而他自己决定留在船上等他们，防止船被别人偷走。

三兄妹开心地上岸了，二哥摘了一种果子，发现不好吃，又去寻找其他果子；三妹找到一棵结满她爱吃的果子的果树，美滋滋地吃起来；四弟一边吃一边在岛上四处闲逛。

二哥吃得差不多了，就决定回去；三妹自己吃好后，想着还有大哥、爸爸没有吃到，就准备多摘一些给他们，结果碰到了一条毒蛇，在她的腿上咬了一口，她晕了过去。幸好二哥发现了妹妹，将她救回船上。

而四弟一个人越走越远，大家怎么也找不到他。为了先救妹妹，他们被迫先去找父亲。等他们再回来找到四弟的时候，可怜的四弟因为被毒蛇咬伤没有得到及时治疗，失去了生命。

故事中的船，就象征着我们人生中的道德、德行，岛则象征幸福和快乐，四兄妹则象征对道德和幸福持不同态度的世人。

大哥对人生的幸福不去体会，非常遗憾；二哥既享受了幸福，又没有忘记必须坐船离开去找父亲的任务，是比较聪明的做法；三妹虽然享受了幸福并回到了船上，但吃了不少苦头并且险些丢了性命，幸运的是她听从大哥的提醒没有走远；最惨的就是四弟了，因为贪吃、玩乐，把大哥的警告和自己的任务忘得一干二净，遗憾地失去了生命。

可见，适度享受幸福，不忘道德约束的人，是较为聪明的，也是活得最幸福最圆满的。

用道德来约束行为和思想，可以为我们追求的幸福营造一个优良的环境，道德是我们追求幸福过程中不可或缺的条件。

如果你不认同我这个观点，可以进行这样一个想象：那就是你为了追求幸福，做了违反道德的事情。比如，你为了升职，不择手段地踩着别人的肩膀上位；或者为了追求爱情，做了第三者……不管你是否会有良心上的不安，你都会因此而声名狼藉，你还能感到幸福吗？

所以我说，追求幸福的同时，我们也要用道德约束自己的行为，以规范的行为去获得幸福，获得别人的尊重。无论社会如何发展，人心多么复杂，道德都是我们追求幸福过程中不可或缺的条件。

黄老师的幸福之道

追求幸福是一个人正常的美好诉求，但我们不得不承认，人的欲望是难以完全满足的。所以，我们的任何追求都必须在遵守道德的前提下进行，这样获得的幸福才是真正的幸福。

说到如何遵守道德，我没有办法一一列举，因为道德源于我们的内心。所以，针对我们内心容易缺失道德的几大原因，我给出以下两个建议。

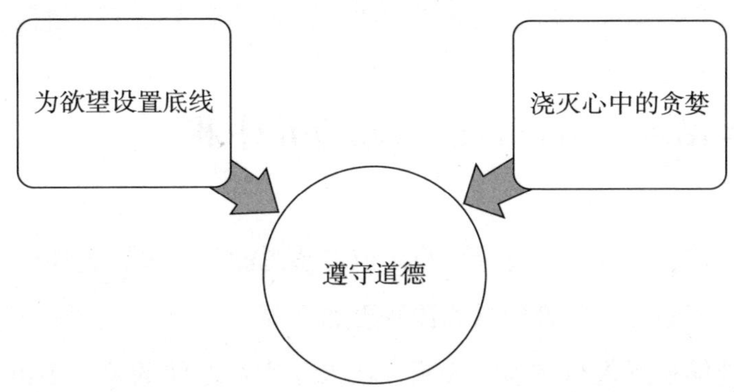

（1）为欲望设置底线

人的欲望就像一个永远都填不满的无底洞，如果不加以克制的话，一旦发展至贪婪成性，就会使我们为了某一样东西而丧失道德。它会使我们为了达到目标不择手段，有时甚至会做出伤天害理、罪不可恕的事情来。所以，我们要给自己的欲望设置底线，一旦碰触这个底线，就马上停止。

（2）浇灭心中的贪婪

只有浇灭心中的贪婪，我们才会正视现实，实事求是。一旦被贪婪所迷惑，一个人就会钻到金钱名利的深渊里，难以自拔。贪婪的代价是惨重的，它会让我们失去道德，为一己之私而作出丧尽天良、违法乱纪的事情来。纵观那些深陷牢狱的囚犯们，他们都是因贪婪而丧失了人身自由。他们或是为了晋升官爵而收受钱财，贪污腐败，或是为了逃避责任而杀害他人，天理难容。

幸福智慧

《大学》里说："富润屋，德润身，心广体胖，故君子必诚其意。"财富可以让我们住上华丽房屋，享受丰富的物质生活。道德可以修养人的身心，使人思想高尚，心胸宽广，身体自然安泰舒坦，所以有道德修养的人一定要让自己的意念真诚。

05. 每天记录下值得自己感恩的五件事

我从参加工作开始，每天会找出值得感恩的五件事，到如今已经近 20 年了，从未间断过。每日的感恩让我更加幸福。

感恩能够拉近人与幸福的关系，让人与幸福之间的关系不再遥远，从而得到更多幸福。听起来特别不真实，对吗？其实，这是有科学依据的。

首先，感恩和积极的心理反应之间有紧密的联系。一方面，懂得感恩的人基本上都充满了正能量，这种正能量能激励人不断前进，为更美好的生活而奋斗。生活美好了，就会回头感恩自己之前的努力，这是一种良性循环；另一方面，人们会感恩，是因为从内心深处获得了某种愉悦，感恩这种愉悦不仅能让我们变得更加积极，还能让这种愉悦的心情延续更久。

其次，通过我多年的研究发现，人的积极心理往往都具有协同性。意思是说，如果你很乐观，那么你很可能也是一个自信的人。与感恩为友的基本上都是良好的情绪。

我曾经在课堂上做过这样一个实验。

我把学员分成了四组：

第一组	要求他们每天记录下五件值得自己感恩的事情
第二组	要求他们每天记录五件不好的事情
第三组	要求他们记录每天五件自己比他人好的事情
第四组	什么都不用做

之后，我对这些学员进行了调查，得出如下结论：四组学员相比，第一组学员更加自信、乐观，对生活充满向往，人际关系也很融洽；第二组学员幸福感最低。

由此可见，感恩能够为人们带来乐观、自信这样的积极心理，有利于人们调动自己的积极情绪，进而为获取成功、收获幸福创造条件。

感恩是一种大智慧，它看起来平常却又深不可测。人生是波澜起伏的，我们要勇敢地面对各种挫折。面对困难时，一味地抱怨生活，是没有意义的。英国作家萨克雷曾经说：“生活就是一面镜子，你笑，它也笑；你哭，它也哭。”如果我们对生活充满感恩，生活一定还我们一片阳光灿烂，如果我们不停地抱怨命途多舛，生活一定充满暴风骤雨。

不管是谁，我认为我们一生中至少要懂得感恩以下四件事。

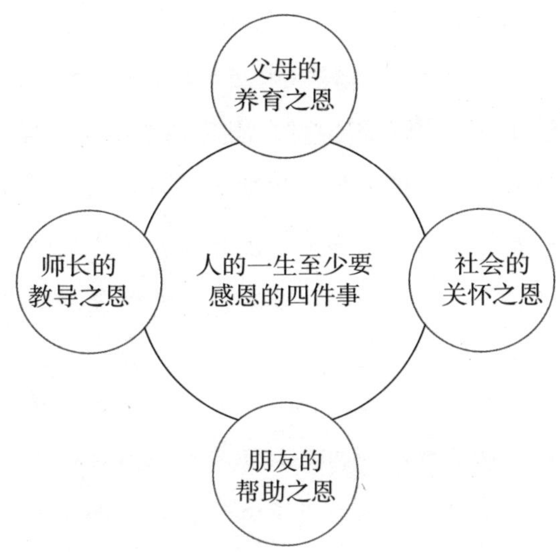

我们为什么能在不幸时感到温暖？为什么能在失败时看到差距？为什么能在低谷时鼓起勇气继续接受挑战？都是因为我们有一颗感恩的心。

如果心怀感恩，就一定会收获自己的幸福。我记得一位名人曾经说过：“我们关心的远比我们知道的少，我们知道的远比我们所爱的少，我们所爱的远比我们所能爱的少，就这一点来看我们表现得远比真正的我们少。”

所以，对生活报以感恩吧，拿出更多的热情回馈社会。带着感恩上路，永远怀着热情生活，幸福就会不请自来。

黄老师的幸福之道

每个人都是独一无二的，每个人都能创造奇迹。我们要感谢上苍赐予我们适合生活的环境和食物；我们要感谢父母给予我们生命；我们要感谢朋友，在孤独无助时雪中送炭；我们要感谢老师，传道授业解惑，教给我们无价的知识；我们需要感恩的，实在是太多了……

在这里，教给大家一个每天感恩的小方法，这个方法很简单，就是每天记录下值得感恩的五件事。

每天睡觉前，花一点时间想想今天是谁为自己做了一顿可口的饭菜，想想朋友为自己过了一个快乐的生日，想想孩子今天在学校受到了表扬，想想今天在单位受到了老板的表扬，想想男朋友为自己买了一份精美的礼物……这些都值得我们感恩，因为他们让我们的生活变得丰富、美好。

幸福智慧

《唾玉集·常谈出处》里说："自出洞来无敌手，得饶人处且饶人。"曾经有位道士说：自从来到人世间之后还从来没有遇见敌手，因为他时刻都能宽恕、体谅别人，没有把任何事情做绝，凡事都留有余地，并以"感恩"二字作为处世的法宝。

06. 相信别人的努力，看得起当下的自己

一天，和我一个学弟吃饭席间，他跟我讲了最近发生的一件让他感到很愤慨的事。

学弟是一个保险销售员，由于做得时间久了，积累了很多客户，再加

上自己的努力，他如今过着非常富足的生活。一天，他开着自己的宝马车从商场的地下停车场出来，收费的师傅说了一句：“小伙子，车不错啊，家里给你买的吧。”他很尴尬，不知该怎么回答，越想心里越不是滋味。

对于车我是不太懂，但是对学弟这个人我很了解。

学弟来自农村，家庭环境不太好。从小，家里人就对他抱有很大的期望，跟他说知识改变命运，让他好好读书。于是他发愤图强，寒窗苦读，终于考上了重点大学。毕业后，他一直在这家保险公司上班，从业务员开始做起，一直到今天。学弟靠自己的能力在城里买了车，还贷款买了房，他所拥有的，全都是他自己努力得来的。

每当我跟其他人说起这位学弟时，大家都不相信：

“你编的吧，走出大山容易，挣这么多钱，可不容易啊。”

“怎么可能呢？没个背景怎么有那么多客户资源啊？”

“他女朋友家里肯定有关系吧。”

“少来了，现在的农村可不比以前了，家里房子一拆迁，可有钱了。”

他们问的这些问题，我没问过学弟，也不会问他，我只是很好奇我的这些朋友为什么不相信他。微博博主、微信公众号经常会发一些鼓励人追求美好的文章，也有不少人在网络上发声，尊重人权和个人的努力。但是，当我们看到身边的同龄人比自己成功，比自己过得好时，总是怀疑他们人生的“纯洁度”。不是怀疑对方“背后有人”，就是怀疑对方“来路不明”。不相信别人的你，真的相信过自己吗？

我曾经参加过一场同学聚会，举杯聊天之际，有人提到某个女同学现在过得非常好。于是，同学们开始纷纷议论：“她是不是找了个有钱的老公啊？”“怎么可能啊，不会是被人包养了吧。”……再提到自己每天的生活，又有这样一番言辞“不是富二代，再拼也没有用”“读书有什么用，还不是天天辛苦地活着”……

一千个人就有一千种生活方式，你怎么确定那些事业有成的人，就一定背后有靠山？你怎么确定离了婚，就一定过得不幸福？质疑别人的时候，有没有反省过自己是否像对方一样努力？

我曾经在一本书里看到这样一句话："我很好奇，未来的人们会怎样看我们这些生活在世纪之交的'傻瓜们'。也许到了那一天，这个世界上所有的人一样平等。"

一个世纪过去了，表面上，这个社会似乎越来越注重平等，但我们内心似乎还是传统的，头上的辫子剪了，心里的辫子还在。很多人不相信平凡的人凭自己的努力也可以闯出自己的一片天，也不相信别人的努力能带来财富。

如果说，一百年前，社会的不平等、等级的压制让人们揭竿而起，那么如今我们内心对自己的质疑就会彻底毁了自己。因为，前者知道为自己抗争，后者内心已是一摊烂泥。

虽然，我自己以前也是"质疑者"中的一员，但当我意识到这个问题的时候，我尝试着转变，我研究幸福之道，传承传统文化，更关注身边人的故事。

比如正在韩国做外贸的老张，刚准备好的货品被盗，自己又赶紧掏钱补货；正在创业的小杨，办个营业执照被各个部门为难，骑车摔跤后，顾不上身体的疼痛赶紧推着车去下个部门。我不关心老张在海关是不是有关系，才能放心做外贸，也不关心小杨家里是不是很有钱，她父母有没有给她钱开店，我只知道他们正在奋斗，我没办法像他们那样坚强，因为我做不到，所以我佩服他们，尊重他们，在我低谷的时候，他们就是我的榜样。

当我转变自己的态度，用正面的眼光看世界，人人都是学习的榜样。身边的每个人都有值得我敬佩的地方，每个人的行为都激励着我。承认别人的优点，认可对方的成功，才是走向成功的第一步。而彼此之间对于对方成功的赞许与信任，也才是我们从心底走向平等的开始。

黄老师的幸福之道

我们不相信平凡的人也可以凭自己的努力闯出自己的一片天，也不相信别人的努力能带来财富。单是这种内心对自己的质疑就会彻底毁了自己。这时，我们可以试着做做以下几件事：

①每天阅读一篇励志文章，从他人的经验中汲取面对困难的勇气。

②改掉质疑别人成功的坏习惯，并且每周汇总自己努力的成果。

③将全部思想用来做想做的事情，而不要留半点思维空间给那些胡思乱想。

④找到适合自己心理与生理的生活状态，不要羡慕他人。

⑤与成功并且积极乐观的人交朋友，从他们身上汲取积极正面的能量。

幸福智慧

《论语》里说："事父母能竭其力，事君能致其身，与朋友交言而有信。虽曰未学，吾必谓之学矣。"一个人有没有学问，主要不是看他的文化知识，而是看他能不能竭尽全力侍奉父母，对于领导乃至自己的事业，能否献出自己的毕生？为人处世、待人接物是否诚实守信？如果生活中能实行"孝""忠""信"等传统伦理道德，即使他说自己没有学习过，但他已经是有道德修养的人了，相信这样的人有朝一日一定会实现自己的理想。

第5章

爱，是磕磕碰碰中的修修补补

——家庭和谐，长久幸福

圣经里说道：“爱，是恒久的忍耐”。这句话的意思是说，爱，是磕磕碰碰中的修修补补。一个家庭要想和谐，一段婚姻要想长久幸福，都是需要经营的。这需要双方不断学习、相互勉励、共同进步，协力划起家庭和婚姻之舟的双桨，彼此在改变自己、珍惜对方、宽容对方的过程中走向幸福，这才是家庭和谐、婚姻幸福该有的样子。

01. 相互勉励、携手共进，这才是家庭幸福该有的样子

在如今的家庭里，我经常会发现这样一种现象：如果一方紧跟时代的步伐，好学上进，而另一方“隐居”家里，与时代脱轨，往往会导致两人逐渐产生隔阂，最终必然会影响交流，导致家庭不和谐。

相互勉励、携手共进的相处模式更加有利于两个人共同进步。树立一致的目标，这样的婚姻和爱情才会有活力，幸福才会持久。

我想跟大家说说这样一个故事。

小静和老公孙嘉恋爱的时候十分甜蜜，羡煞旁人。小静对孙嘉非常依赖，但那时沉浸在爱情里的孙嘉认为这就是“爱”，没过多久，两人就结婚了。

结婚后两年，小静遇到了工作的瓶颈，做什么事都不顺，每天回家都是气鼓鼓的，但是，孙嘉当时已经是部门主管了，可以独自负担家庭的所有开支。于是，小静辞掉了工作在家做全职太太，每天除了逛街化妆，就是追剧追星，要不然就是锅边灶台、柴米油盐，就这样过了一年，小静越来越心虚了。

原来，小静发现，自己和孙嘉越来越没有共同语言，除了要交煤气费了，家里水龙头坏了，实在是没有别的话题可聊。她听丈夫讲着事业的规划，讲着外面的世界，突然觉得丈夫变成了另一个人。小静非常害怕失去孙嘉，对孙嘉的“依赖”变本加厉，每天至少要往孙嘉办公室打五六个电话。

更严重的是，小静怀疑孙嘉有了外遇，每天下班第一件事，就是盘问孙嘉今天做了什么，甚至还查看他的手机，这让孙嘉忍无可忍。

没过多久，孙嘉真的有了外遇，他牵着另一个女人的手，出现在小静面前，对她冷漠地说：“我们离婚吧，因为我们无法一起成长。”

爱情和婚姻是神圣又美好的事情，但是，如果两个人不能共同成长、共同进步，再坚固的感情也会被两人之间越来越大的差距消磨掉。结婚后，女人不应该一直沉浸在爱情的甜蜜里，花前月下；耳鬓厮磨只是暂时的，男人需要的是能和自己一起成长的好伴侣，而不是一个只知道撒娇发嗲的小女人。只关心柴米油盐，不知道独立的女人，很难跟上男人进步的脚步，最后二人的鸿沟越来越深，到最后往往会葬送来之不易的感情。

所以，只有处于同一心理时段，两人的相处才最自然、最轻松，婚姻最好的状态就是两人同步发展而且共同进步。

亲爱的读者，不要以为结了婚就万事大吉了，一张结婚证并不能“拴”住爱人一辈子。如果对方在不断进步，自己却“不思进取”，这就像龟兔赛跑，最后只会被对方甩得越来越远，差距越来越大，无形中，自己和爱人之间就多了一条无尽的深渊。如果不想自己的爱人离自己越来越远，越来越陌生，在你进步的同时，不要忘了提醒伴侣努力学习。而另一方看到对方的成长，也要努力跟上，相互勉励、共同进步，这才是家庭幸福该有的样子。

这几年，离婚率越来越高，很多人都在抱怨“很难找到相守一生的人”。其实，造成高离婚率的很大一部分原因就是夫妻双方缺乏共同语言，缺乏同舟共济的生活体验。因此，不管男人还是女人，想要家庭幸福，最重要的是让自己和对方一起进步。

举个简单的例子，女人可以帮助男人维持更和谐的人际关系。当丈夫的朋友来自己家里做客时，妻子面带微笑迎接他们，做一桌可口的饭菜招待他们，丈夫脸上有面子，和朋友之间的关系也会越来越融洽。

不仅女人可以成就男人，男人也可以成就女人。现代女性都非常独立，但还是会有想要依赖另一半的时候，当妻子遇到困难时，丈夫能挺身而出为妻子出谋划策。当妻子披荆斩棘，解决完问题后，必定会投入120分的热情到婚姻里。

不管男人还是女人，都需要另一半的支持。所以婚姻中的两个人都要在对方遇到困难时，不离不弃，同心协力；在对方迷茫时，劝慰开解，才能柳暗花明。让蕙质兰心的妻子成为丈夫的贤内助，让足智多谋的丈夫成为妻子的智多星。夫妻二人在婚姻中要不断学习，这样才能创造出幸福美满的婚姻。

黄老师的幸福之道

在这里，我要特别提醒读者的是：双方在共同进步的时候，要把握好方向。就像拔河一样，一个往东，一个向西，最后必然有一个人会受伤或者双方僵持不下。两个人要劲儿往一处使，才能夫妻同心，其利断金。有的夫妻双方都非常有能力，但就是过不到一起去，这就是目标不统一，越能干，给对方造成的阻碍和伤痛越大，家庭越是有被撕裂的可能。“相对”和“相向”，差一个字却差别万里。确立一个大家都能接受的共同目标，这也是创造幸福生活的关键。

幸福智慧

《孟子·离娄章句下》里说：“爱人者，人恒爱之；敬人者，人恒敬之。”关爱别人，敬重他人，能够得到的回报往往事半功倍，内心也必然是温馨与和谐的。但在现实社会中，人们普遍有这样一种心理：“你敬我一尺，我才能敬你一丈。”好像只有对方先向自己示好或者先把头低下，两人才能友好相处。其实，自己先弯腰又何妨，人际关系的相处之道贵在将心比心，你怎样对待别人，别人就会怎样对待你。爱出者爱返，福往者福来，你想要的正是你要给出去的。

02. 幸福的婚姻就是平淡中的踏实

我经常在微信朋友圈里看到一位认识的女士抱怨自己不该走进婚姻的“坟墓”。有一天，她在朋友圈里说：“我们已结婚 6 年，前几年他对我还不错，陪我逛街、游玩、送礼物、接送我上下班。最近这两年，他开始拒绝陪我去逛街，宁愿自己在家看书上网；出去游玩他总嫌累，说人太多不好玩；我的生日还有我们之间的各种纪念日他已全然忘光了；就更别提接送我上下班了，开口就是这么大的人了，自己回来多省事。”

她还说当初自己就是看上丈夫的温柔体贴，没想到结婚后丈夫完全像是变了一个人，让她大跌眼镜。

每每看到这位女士的抱怨，说实话，同样身为围城里的人，我是可以理解的。

婚姻中的两个人，恋爱时神秘、炽热，看山不是山，看水不是水，一切都是那么美好。结婚了，两个人无死角全透明地曝光在对方面前，我们可能会觉得对方丑陋，于是愤怒、嫌弃，冲突激烈的时候甚至会多次滋生出要“掐死”对方的念头。

然而，婚姻的本质就是归于平淡、真实的生活状态。想要拥有一个和谐的家庭、幸福的婚姻，我们就要用宽容和甘于平淡的心态去对待婚姻。

在我住的小区里，有一对恩爱的夫妻，他们今年已快 70 岁了。从我住进小区开始，便时常可以看到他们一起上街买菜，老奶奶买菜，老爷爷推着小推车。一次我在小区里散步时，碰到他们牵着手一起散步。我一边走一边和他们聊了起来，他们告诉我，每周他们都会安排两天出游的时间，选择一个晴好的天气，带上精心准备的行装，老奶奶总会穿着亮丽的服装，在老爷爷的单反中出镜，每次游玩回来，他们会将美丽的照片剪辑成精彩的视频存放起来。每个月他们还会与朋友们聚会，或弹唱、或打牌、或跳跳交谊舞，总之他们生活得怡然自乐。

因为生活幸福，两位老人神采飞扬、健朗矍铄，看起来不过50出头的样子。

我俗气地问他们："为什么你们一辈子都不争吵，这么恩爱，你们到底有什么秘诀?"

老奶奶回答说："年轻时我们也争吵过，看不惯对方，对生活不满意。我们的关系像坐过山车似的，好的时候就像糖稀，扯也扯不断；差的时候恨不得鱼死网破。这种极端的情绪让我们感到很累，更感受不到婚姻的幸福。时间长了，我们发现双方越平淡反而越感到幸福，婚姻就像白开水似的，虽然无色无味但甘甜无比，滋养着我们的身体。于是每当我们看见对方生气了，便立刻避开，不激化矛盾，生气的一方自然而然也就消气了，等到事后，我们再讨论如何解决。"

老爷爷回答说："我特别喜欢画小桥流水，我觉得我们的生活就像溪水一样细缓、清澈，一路上充满了爱!"

婚姻就像围城，站在外面的人总以为城堡里住着王子和公主，他们不是在花园里漫步，就是在月光下共舞，吃着烛光晚餐，听着优美的音乐，这样童话般的婚姻在生活中极为少见。

大部分人要通过辛勤的工作来满足生活的需要，回到家里要面对柴米油盐的琐事。她在家里像个超级机器人，忙得没时间抬头看他一眼；他在电脑前加班工作，都不知道她今天穿了一件新裙子。什么我爱你、爱的抱抱都成了奢侈。当家庭菜谱成了必修课，当《唐诗》《宋词》成了书架上的装饰品，当昔日帅气阳光的男生也开始变得发福臃肿……婚姻让王子和公主了解到什么叫"梦想很丰满，现实很骨感"。对于夫妻双方来说，心里当然是有落差的。

其实，婚姻让两个陌生的人走到一起。从此以后，我们要学会接纳生命中的这个人，他跟你不一样，但他是你终身的伴侣、你的爱人，你需要学会跟他友爱共处，爱他身上的一切优点和缺点，始终去包容他。

也许，他不爱干家务，大男子主义，但他对家庭非常负责；

也许，你们的生活很清贫，但你们坦荡平和，踏实幸福；

也许，你们没有浪漫的约会和烛光晚餐，但他下班会带回你最爱吃的零食；

……

幸福的婚姻就是在漫长的人生道路上，你们一起努力，踏实地走好每一步，在平淡中享受幸福，而你们的爱就包含在平淡的每个瞬间。幸福的婚姻是“煲”出来的，文火慢炖才更加醇香令人回味。

黄老师的幸福之道

婚姻生活本来就是一种现实的生活，完美无缺的婚姻只存在于人们的遐想和文学作品中。然而，只要夫妻双方共同努力，在日常小事上多一些体贴和关爱，婚姻的幸福感就会大大增加。

需要提醒读者的是，虽然我说爱是平淡中的踏实，但在婚姻里，有两个幸福的“杀手”是需要双方警惕的——唠叨和抱怨。

在生活中，很多人都没有意识到这一点，以为自己的唠叨是对对方的爱，以为唠叨可以帮助对方改正缺点。而对方总会对这样的唠叨表现出厌烦的情绪，采取的对策不是装聋作哑，就是躲避逃跑。为此，婚姻很可能会陷入僵局。

所以，要想维持家庭生活的幸福和快乐，宽容是必需的，千万不要对自己的伴侣喋喋不休。

幸福智慧

《诗经》里说：“妻子好合，如鼓瑟琴。兄弟既翕，和乐且湛。宜尔室家，乐尔妻帑。”无论贫穷还是富贵，夫妻都应该相敬如宾，恰如琴瑟协奏一样情投意合，兄弟相处自然祥和欢乐，全家自然安然相处，妻儿幸福，家庭美满。

03. 离婚能提升幸福指数吗

曾经执子之手、与子偕老的理想婚姻现已发生巨变。据统计，2016年，北京、深圳、上海等一线城市的离婚率高达48%。很多人戏称人们的婚姻进入了新“离婚时代”。在这些离婚的人群中，中国第一代独生子女“80后”“90后”占据了较大比例。

当对这种大量离婚的现象进行分析时，我发现他们离婚的原因五花八门。比如，他从来不帮忙刷马桶；每次开、关空调都由她说了算；他总爱唠叨；她生气的时候讲过脏话；他忘记了我的生日，没买礼物；旅行过程中他帮助其他女同伴，却忽略了她的需求，等等。再看看他们离婚的时间，很多都是不到两年的新婚。

“80后”“90后”从小被家人的关爱呵护着，一直都是家庭的主角和中心。成家后他们的关注点更多放在对方是否爱自己、尊重自己。一旦自己没有占据主导地位，矛盾和冲突就来了，任性，自私，不懂如何忍让、包容、承担责任，离婚就成了解决矛盾最快的方法。

婚姻不是儿戏，可对那些闪婚、闪离的人来说，也许婚姻就像一场游戏。一段婚姻结束的时候，人们往往会对下一段婚姻充满憧憬，殊不知婚姻的本质是一样的。幸福的婚姻其实是经营出来的，毕竟无论多么情投意合的两个人最后也必然要面对柴米油盐，要回归生活本身，没有经营婚姻的能力又怎么会拥有幸福的婚姻。那些在激情中结婚、在盲目中生育、在冲动中离婚、在自私中逃离的人们，他们根本没有机会揭开幸福的面纱。如果婚姻的解体，还要搭上一个无辜的孩子，就更加需要慎重了。

我的同学阿海是众多同学中最晚结婚的一位，年轻时他常挂在嘴边的一句话就是："绝不盲目寻找目标，只求在对的时候遇见对的她。"

功夫不负有心人，在35岁那年，阿海终于迎娶了一名温婉可人的江南美女。婚宴上，他当着大伙儿的面宣布"终于等到她，我们一定会幸福下去"。我们报以热烈的掌声，有些同学甚至感慨原来笑到最后，也可以笑得最好。

一年后，阿海家生了一个可爱的女儿，并且在市中心购置了新房，阿海的朋友圈中晒的日常生活也充满了幸福感。谁知半年后，阿海朋友圈的画风突变，开始发一些关于家庭、婚姻的"心灵鸡汤"，慢慢地，阿海的朋友圈又开始出现"这样的女人不值得拥有，这样的婚姻宁可不要"等类型的文章。

在一次同学聚会时，我们了解到阿海竟然离婚了，不到一岁的孩子跟着他生活，他前妻因为伤心，决然回到了江苏。这个消息让大家都很震惊。

碰巧的是，有一次在地铁站我遇见了阿海，我们在旁边的咖啡厅坐下，他向我诉说了他的经历。前妻生完孩子，性格大变，以前的温婉不见了，常常为一点小事跟他拌嘴，他实在难以忍受这样的"悍妇"，就提出了离婚。没想到前妻也有这个想法，于是两人和平分手。

在他们分开的一年多时间里，阿海出去工作，请了保姆带孩子，他终于体会到前妻的艰辛。他回忆起自己在前妻产后的那段时间里常常在外应酬，为了少做家务他甚至主动要求出差，就算回到家也假装工作或者倒头就睡。前妻就是因为产后过于操劳，再加上阿海的自私冷漠患上了产后抑郁症。

孩子一天天长大，再看看空空荡荡的家，阿海无比思念前妻，他回忆起前妻的种种优点，回味着曾经家庭的温馨。决定去探望前妻，然而前妻已开始了新的生活，并且有一个正在交往的体贴入微的男朋友。

阿海心痛极了，他发现前妻一直在他的心里。然而一切都晚了，阿海想如果当初自己能换位思考一下，如果当初自己能体贴包容一些，如果自己不那么任性自私，这一切都不会失去。冲动地、草率地离婚，没有深入思考就作出决定，现在，前妻重新找到了她的幸福，而自己的幸福又在哪里呢？

一般来说，离婚都是一种无奈之举，当婚姻的双方当事人无法磨合、不能相处、价值观完全背离时，选择离婚对双方来说是一种解脱，将自由还给对方和自己。所以，我不能简单地评价离婚的对错，但我反对草率的离婚。

无论我们的个性多么独特，无论我们婚前多么受人爱护，既然已经走进了婚姻的殿堂，就要像成年人一样对自己的选择负起责任。或许我们对婚姻品质的要求越来越高，但在结婚前就应该想到婚后生活的现实。如果不得已离婚，一定要事先考虑周全：自己做出的这个决定是否过于草率？做出的这个选择能提高自己的幸福指数吗？

黄老师的幸福之道

婚姻如同一艘小船，如果我们不能掌握适当的驾驭方式，当暴风雨来临时，小船就很可能会沉没。那么，我们该如何驾驭婚姻这艘小船呢？这里有四个小技巧，不一定真正能够帮助你解决实际问题，只愿对你的婚姻幸福有所启发。

（1）不要相互欺骗

夫妻之间一定要坦诚。坦诚的范围很广，最基本的是不要相互欺骗。对待婚姻中出现的问题，夫妻双方应该坦诚沟通，协调解决。如果一方找借口欺骗对方，在真相大白时，夫妻关系就会出现危机。

（2）有矛盾不要牵涉对方的亲人

有人说夫妻之间“打是亲骂是爱”，但夫妻间打打闹闹也要有度。不管因为何事产生矛盾，都不可以侮辱对方的亲人，特别是对方的父母，因为这比直接骂对方更恶劣，更让对方难以接受。

（3）不可辱骂对方

夫妻之间，要有理讲理，有事说事，如果一方动不动就辱骂对方，一定会让对方反感。辱骂表明夫妻间已经没有了起码的尊重。

（4）不要忘记浪漫柔情

要使婚姻保持初始时的芳香，就要不断增加香料，偶尔制造浪漫柔情的时刻，为婚后平淡的夫妻生活增加温馨甜蜜。

幸福智慧

《中庸》里说：“自诚明，谓之性。自明诚，谓之教。诚则明矣，明则诚矣。”人由于诚恳而明白事理，这叫天性。因此就可以确定自己内心所向往的目标，以至去指导自己的行为，这是教育的结果。由于人天生性善，也可反躬自省，自己的行为是否合乎心中向善的本性，即真诚。不论是出于天性或是教育的结果，一个人处世立身的原则都应是为仁行善。所以夫妻相处是为了相互成就、促进彼此的善道，相辅相成。

04. 爱，不是改变对方，而是改变自己

夫妻两人相处久了，难免会因为生活中的琐事发生不愉快。于是双方都要求对方改掉坏习惯，适应自己的生活方式。但可惜的是，两个人都希望对方为自己改变，到最后，谁都没有改变，摩擦依然存在，甚至适得其反。

虽然矛盾发生的时候确实需要对方作出一些小小的妥协，才能解决问题，但是，这并不是长久之计，夫妻想要白头偕老、举案齐眉，不如自己作出些改变来适应对方。己所不欲，勿施于人。想要得到他人的微笑，我们就要先和善待人。当我们不再把注意力放在爱人的缺点上，而是善于发现自己的不足，改变自己。最后，你会发现，自己改变了，爱人也变得更完美了。

陈强的妻子很美丽，但美中不足的是他妻子脾气火暴，经常对他大喊大叫。每次与朋友见面，他都会跟朋友抱怨妻子的坏脾气。有一次，陈强跟朋友说，他终于忍无可忍，对妻子也发了脾气：“我真受

够你了！你能不能别总那么疑神疑鬼，每天就知道质问我，查我手机，你知道耽误了我多少工作吗？我很久没睡过安稳觉了！”结果是，妻子见他发脾气，更加火冒三丈，骂他“死鬼”。

“我该怎么办？”陈强向朋友求救。

听了陈强的叙述，朋友说：“既然你无法改变她，为什么不尝试着改变你自己呢？”

后来，陈强慢慢改变了自己说话的态度，跟妻子讲话时温柔体贴：“亲爱的，我知道你很辛苦，又要照顾家里，又要照顾我父母，还要管孩子。我有时候工作太忙，难免脾气急了点，你还是要及时提醒我，让我改正。抽空我们去旅游吧，我们好久都没过过二人世界了，等我休年假了，我们也去放松放松，好好犒劳犒劳你。”妻子听了以后十分感动，一改往日火暴的脾气，一家人生活得十分和睦。

婚姻幸福，确实要靠两个人一起努力，但每个人只能负部分责任。一个人能真正完全负责的就只有自己，做好自己，就是对家庭的最大责任。

改变别人，事倍功半；改变自己，事半功倍。一味地要求他人倒不如更多地反躬自问，行有不得，反求诸己。

令人感到遗憾的是，在我生活的周围，太多人把相爱的法则建立在“你爱我就要为我改变”这个错误的观念基础上。

有这种观念的人，很容易把婚姻变成一所监狱，时时盯着对方的缺点，想要改造对方，让对方变成自己理想中的样子，最终使自己的婚姻处在硝烟弥漫之中。作为研究“幸福之道”的我，同时也经历了15年的婚姻生活，在这里，想要郑重地告诉读者：在婚姻中与其改变，不如接受；与其争吵，不如适应；与其责备对方，不如改变自己。

在我很小的时候，我想当一个超级英雄，这样就可以改变世界。后来，当我渐渐长大，我发现，这个世界太复杂，不是我靠一己之力就可以改变的。我想那退而求其次，我就试着改变我的国家吧。不久我发现，国家也并不容易改变，那我就再妥协一下，一定要改变我的家人。但是，众口难调，他们根本就不肯按照我的方式生活。到现在，我也没能改变我的家人。

我突然意识到，如果反过来呢？从我做起，先改变我自己，然后影响我的家人，他们也会改变自己。通过“幸福之道”传统文化的传播，慢慢地影响社会，相信也能促进社会风气的改变。最后，也许我真的能推动这个世界的变化。

在这个世界上，我们必须为我们希望看到的而改变。家庭也不例外。所以，画一张图，让对方在自己的图纸里生活，是不现实的，也是不尊重对方的表现。我们不要把自己的意志强加在对方身上，有些事情，在我们看来很重要，可对方未必这么想。换个角度，多发现对方的优点，多反省自己的不足，先改变自己，从我做起，才是对家庭负责任的态度。

天生一对、天造地设是童话里才会出现的景象。现实生活里，没有谁的婚姻从一开始就习惯对方，也没有谁一开始就能收获幸福。古语有“相敬如宾”“举案齐眉”的夫妻佳话，这是因为他们愿意为对方改变，愿意尊重对方、包容和接纳对方。在这个改变的过程中，你不仅会看到一个全新的自己，还会收获一个幸福的家庭。

黄老师的幸福之道

爱，不是改变对方，而是改变自己。这是婚姻幸福、家庭和谐万年不变的幸福之道。

至于如何改变自己是一件非常简单的事情，但同时也是一件非常私人的事情。我没有一个确切的方法或者唯一的标准，只有你自己才能判断哪种方式是最适合的也是最好的，具体的方法也可以根据对方的习惯进行变化，因人而异。不过，我可以告诉大家一些我经常用的小技巧。

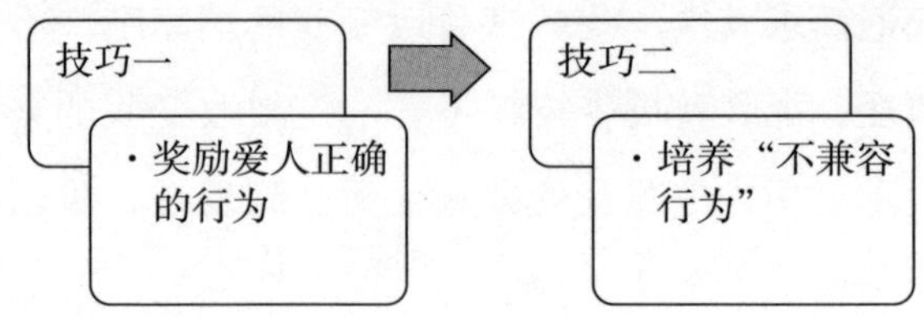

（1）奖励爱人正确的行为

比如，当丈夫主动把自己换下来的衣服收到洗衣机里，就可以表扬他一下；当妻子做完一顿丰盛的晚餐，丈夫也不要吝啬自己的夸奖。

（2）培养“不兼容行为”

比如，当丈夫想去打麻将的时候，不妨拉着他出去散散步；当妻子想去美容的时候，不妨牵着她去爬爬山。

幸福智慧

《孟子》里说：“行有不得者，皆反求诸己。”人生遇到了挫折和困难、事业的不顺或人际关系糟糕，就要自我反省，一切从自己身上找原因，不要陷入“二元对立”的困境，也不要怨天尤人，更不要消极沉沦，而是反躬自省，积极面对。

05. 对爱宽容些，你的幸福就会来得更早些

在我身边有不少朋友（男性朋友、女性朋友都有），已经35岁了，还没有结婚，有几个甚至已近不惑之年。对于他们，我的总结是：不是真的找不到了，而是他们对感情太苛刻了，觉得既然已经熬到这个年龄了，更不能匆忙随便找一个了。

每当我与他们谈及对另一半的要求时，他们会告诉我这样一个定论：

爱一个人只有两个分值，要么是 100 分，要么是 0 分。无论是 90 分、80 分、60 分，还是 30 分，他们都会视为 0 分。他们不允许自己的恋人有多次恋爱经历，不能接受恋人过去在感情上的任何瑕疵，不希望恋人对自己有任何的不忠。

一个 36 岁的女性朋友跟我讲述过她的两次恋爱经历。

她的第一个男友是公务员，交往了半年多时间，相互印象都很好。她生日那天，男友就陪她多喝了几杯。可能是酒后失言吧，喝到最后时，男友对她说了句“你是我交往过的五个女朋友中最好的一个。”

没想到这句话捅了马蜂窝，听了这话，我这位朋友觉得自己像吃了什么大亏，心想都恋爱五次了，那你的感情还能纯洁到哪里呢？于是，那晚的生日聚餐最终不欢而散，她和男朋友就这样分手了。

她的第二个男友是个生意人，可以说事业有成。他工作很忙，但并没有因此而忽略对我这位朋友的照顾。一次，男友正在外地谈生意，结果我这位朋友突然生病住院了。接到她的电话，男友什么都没说就赶了回来。

这件事让我这位朋友很是感动，她觉得自己坚持单身这么久终于找到了真爱，准备和男友结婚的时候，男朋友却告诉他，他曾经有过一段短暂的婚姻。我的这位朋友顿时觉得这是对她的侮辱，她绝对不可能和一个有过婚史的男人结婚，于是，一怒之下又和男友分开了。

也许，我举的这个例子有点极端，或者听起来有些不可思议，但它向我们说明了一个问题：感情中对对方太过挑剔、苛刻，是很多大龄单身群体形成的一个重要因素，同时也是阻碍幸福的一大原因。或许是他们太过优秀，也或许是他们早已不相信爱情。

但不管是谁，我们的内心都渴望着一份完美的爱情，期待拥有一个幸福的家庭。然而由于我们的条件太过苛刻，有太多本来可以好好把握的姻缘，因此而错失了。

事实上，这个世界上很难存在绝对完美的男人或女人在等待着我们，即使是那些过得很幸福的夫妻，他们爱情的开始和最终的结合也并没有我们想象的那样完美。幸福的婚姻是经营出来的，而不是一开始就能一步到位的。

所以，希望那些大龄单身读者：别对感情太苛刻了，只有对对方少一分苛刻，才能为自己多争取一次幸福的机会。

黄老师的幸福之道

两个人能走到一起是缘分，何必一定苛求他（她）有多爱你、他（她）能爱你多久。只要一个前提——你快乐吗？对“爱”宽容些，你的幸福就会来得更早些。在这里，教给大家一个宽容对方的小技巧——发生冲突时，及时“踩刹车”。

夫妻之间发生口角，可以说是再普通不过的事情，但是有些夫妻因为太过于较真，不懂得宽容，常常做出一些无法挽回的事情。因此，当夫妻闹矛盾时，一旦发现情绪失控，就要紧急“刹车”，扳正“方向盘”，这样才能让婚姻在爱的方向下继续前行。

幸福智慧

《论语》里说：“躬自厚而薄责于人，则远怨矣。”人与人相处难免会有各种矛盾与纠纷。那么，为人处世应该多替别人考虑，从别人的角度看待问题。所以，一旦发生了矛盾，我们应该多做自我批评，而不能一味指责别人的不是。责己严，待人宽，这是保持良好和谐的人际关系所不可缺少的原则。尺有所短、寸有所长，金无足赤、人无完人，要有容人之过的雅量。正如《菜根谭》中所说的：“地之秽者多生物，水之清者常无鱼。故君子当存含垢纳污之量，不可持好洁独行之操。”

06. 珍惜身边的爱，是唯一不会错的真理

这是一个令我感动，也值得我深思的故事。

有一次，在给一个中学的学生做培训时，我留下了一道“家庭作业”：在一个月之内去找你最想向他们表达爱的人，告诉他你爱他。

一个月后，我再次来到这个学校，在课堂上，我问学生是否有人愿意同大家一起分享我上次留的“家庭作业”。这时，一个腼腆的男孩站起了身，说：“自从两年前我和爸爸发生过激烈的争吵后，我们就开始彼此躲避，除了在春节或其他不得不见的时候见面，其他时间我们彼此都避而不见，即使见面也从不交谈。所以，当黄老师布置下作业，我就想，也许这是个机会，可以缓解我和爸爸的矛盾。”

“晚上回家之前，我希望爸爸在家，如果爸爸不在家，我害怕在等待爸爸回来的时候，我就没有勇气说了。幸运的是，一向工作到晚上10点才回来的爸爸，那天却早早回了家。我打开门，看到爸爸坐在沙发上。我望着爸爸，一刻也不敢耽搁，说‘爸爸，我爱你。’”

“爸爸听到我说的话，望了望妈妈，然后走过来抱着我说‘儿子，我也爱你。’”

“我和爸爸的关系彻底修复了。可是，半个月后，爸爸在建筑工地干活的时候，被上面掉下来的石板砸中了，在送往医院的路上就去世了。”

“这一刻来得太突然，我毫无防备。如果当时我没有把黄老师的‘家庭作业’当回事，没有告诉爸爸我爱他，那么他就永远也听不到了。”

听了这个男孩的分享，教室里陷入了有史以来最为安静的一刻，学生们都低着头，有好多女学生在小声哭泣，我的眼眶也湿润了。

我用一种无限深情的语调对同学们说：“爱你的父母，珍惜他们，从

这一刻开始。”

我想，人生最悲伤的事情莫过于“子欲养而亲不待”。年少时，我们尚不能完全理解父母的爱；等到自己为人父母后理解父母的爱想给予一点回报时，父母或许已经走不动了，甚至可能已不在我们身边了。

在这个世界上，什么事情都可以等待，只有孝顺不能等待。所以，亲爱的读者，如果父母还在你的身边，一定要多为父母做点事，用实际行动去关爱回报他们。孝敬父母要趁早，不要等父母不在了去后悔、遗憾。

世上还有一种爱，虽不像血缘一般浓厚，却让我们在人生路上不再孤单，它将与我们相依相伴直到终老——这就是夫妻之间的爱。

我的妻子曾经给我讲述过这样一个故事：

故事的女主人公和她丈夫年龄相差9岁，结婚初期丈夫像一个长者处处呵护着她，她觉得很幸福。

随着孩子的降临，她发现丈夫不如以前关心她了，孩子取代了她在丈夫心里的地位。而她也开始承担起繁重的家务。接着，丈夫的工作越来越忙，出差也是常有的事，偶尔打电话回家，也全是关心孩子的话语。

她感到了深深的失落，开始向同事小李诉说先生的不足。小李是一个体贴的同事，从开始的谈心到陪逛街、陪看电影、陪旅游，小李对她呵护有加，欣赏有余。

相处久了，小李对她表示了好感，她的心开始动摇了。而她的变化，丈夫似乎毫无察觉，并不在意。她对自己的婚姻失望到了极点。

在小李的支持下，她准备向丈夫提出离婚。而就在此时，她接到了出差在外的丈夫打来的电话，电话那端的丈夫用很虚弱的声音向她述说着自己在外面被车撞了，刚做完手术。那一刻，她觉得天好像塌了下来，心里的痛无法言喻，对丈夫的不满变得烟消云散，她以最快的速度到达医院，见到了丈夫。

幸好丈夫没有生命危险，她细心地照顾着他，生怕一不小心，丈夫就会离开她。

丈夫的病慢慢好了，有一天，他对她说："对不起，这些年，让你受苦了。其实我心里很清楚你付出的一切，但是你知道我为什么要这么对你吗？"

她以为丈夫发现她变心了，紧张得不能呼吸，他说："从我见到你的那一天起，我就认定要你做我的妻子，但同时我也很担心，因为我比你大9岁，每次一想到如果我先走了，你一个人要孤独地生活那么多年，我的心就很痛，本来我想宠着你，但是我不希望你什么都不会。如果我在你前面走了，希望你有能力可以独自生活，不用靠孩子来照顾你。所以这些年我让你独自做了很多事，你不要怪我。"

如此一份浓烈、已融入生命的爱，当她用真心去体会时，即使是石头也会变软，这样的幸福她怎么能放弃呢？

夫妻之间的爱，就像左手和右手，在平淡的生活中，你会忽略爱的存在。但是一旦面临失去对方，你会有切肤之痛。

不论是和父母之间的亲情还是夫妻之间的爱情，这种爱其实一直陪伴在我们身边。但我们常常因为日夜相伴、过于熟悉，不懂得珍惜，把最坏的脾气留给了我们最亲的人和最爱我们的人。

黄老师的幸福之道

珍惜眼前的一切，珍惜身边的爱，是唯一不会错的真理。人生是一张单程车票，永远不知道明天会发生些什么，不要让我们的心活在忏悔当中，好好爱身边的人。

在这里告诉读者一个珍惜爱的小技巧：时时表达体贴与温情。不管是对于父母的亲情，还是夫妻之间的爱情，我们每一天的贴心关怀就是让他们感到幸福的关键所在。这不需要具体的方法，你只需要做的是在临别之前，给对方一个拥抱；每天陪父母看看电视、聊聊天而已。

幸福智慧

《孝经》里说：“夫孝，天之经也，地之义也，民之行也。天地之经，而民是则之。”所谓孝，就是上天的规范，大地的准则，是人最根本的品行。是正确而不可改变的道理，民众以此为法则。所以行孝是天经地义的，不需要附加任何前提条件。“兄弟睦，孝在中”，兄弟和睦，夫妻珍爱就是在尽孝。

07. 幸福不该被不良的婆媳关系打扰

对于许多女人来说，婆媳关系都是一本难念的经。也许作为男人的我，无法体会这种关系“难”在何处？但在我所培训的学员中，很多男女学员向我抱怨得最多、干扰家庭幸福的“祸端”就是婆媳关系。妻子抱怨婆婆难相处，丈夫夹在中间左右为难，婆婆埋怨儿媳不会过日子……

在这里，我想问大家一个问题：在你抱怨婆媳关系是千古难题之前，你是否想过婆媳关系为什么会这样难平衡？为了帮大家解决这个问题，我把众多向我谈及婆媳关系的事例总结在一起，归纳出以下几个导致婆媳关系不好的主要原因：

一是婆媳关系的不稳定性。一个家庭最基本的关系有两种：夫妻关系和亲子关系，这是家庭结构的基础，而婆媳关系既不是夫妻关系也不是亲子关系，而是由亲子关系和夫妻关系的延伸而形成的，既没有夫妻关系的亲密也没有亲子关系的稳定。

二是相互接纳不良。由于婆媳在生活背景、习惯、爱好等方面存在差异，如果相互适应不良、接纳不良的话便会关系紧张、产生矛盾。

三是利益分歧。婆媳同在一个家庭中生活，对外利益是一致的，但是在家庭内部容易在家庭事务管理权、支配权、经济大权等方面发生分歧，进而产生矛盾。

四是中介失衡。在婆媳关系中，丈夫与妻子是夫妻关系，与婆婆是亲子关系，是婆媳关系中十分重要的纽带，这个中介发挥好自己的作用，则可以加强婆媳之间的情感联系，反之，则会成为矛盾的焦点。

通过总结归纳，我发现婆媳关系难处真的是由来有因。但是不是婆媳关系就一定处不好呢？关于这一点，让下面的故事来回答你吧。

这天早上，因为一点小事，胡曼莹又和婆婆吵了起来。一场风波过后，委屈的她跑到好朋友王冠家去诉苦。

当她敲开王冠家家门的时候，正好赶上王冠在忙着做饭。于是，王冠就让婆婆先陪着胡曼莹闲聊。

随着话题的一步步深入，胡曼莹终于开始发起了牢骚："唉，要是我婆婆像您这样善解人意就好了，可她总是那么不招人喜欢，做菜咸得要死，还整天在我们耳边唠叨个不停。总之，我不论做什么，她都得挑出点毛病来，真是烦死了。"

王冠的婆婆听完了她这一顿抱怨之后，微笑着打断了她的话说道："其实啊，并不是我和你的婆婆有什么区别，而是你太跟自己过不去了。在这方面，我觉得你真的该向王冠学学，她总是糊里糊涂地迁就我的一切，一点都不嫌弃我这个什么都不懂的乡下老太婆。不管我做什么菜，做得好不好，她都会说好吃！"

饭做好了，席间，王冠也劝了胡曼莹不少，胡曼莹渐渐地不再那么怒气冲冲了。

饭后，胡曼莹不想这么早就回家，便在王冠家看起了电视。正巧，王冠准备利用下午的时间洗洗衣服，可是她找来找去都找不到自己昨天换下的衣服。便问婆婆：“妈，您看见我昨天穿的那几件衣服了吗?”只见王冠的婆婆一拍脑门，笑着说道：“哎呀，我上午一不留神给你洗了，可真是老糊涂了。”

看着婆婆，王冠幸福地笑了。这时，坐在一旁的胡曼莹才明白了王冠婆婆所谓的“糊涂”的真正含义。她终于明白了为什么王冠能比自己生活得幸福，她们之间的“糊涂”其实正是一种难得的精明。

从那以后，胡曼莹也当起了“糊涂”媳妇，她不再去计较与婆婆之间的小事，任何时候都宽容以待。渐渐地，婆婆也被传染地“糊涂”起来，家中很少听到争吵之声了。

许多时候，对于婆媳关系的紧张，都来自我们对小事的斤斤计较，痛苦皆因强出头，太多的难过都是因为在乎得太多，太想出人头地、太争强好胜了。

其实，对于一些无关紧要的小事，我们完全可以忽略它们，将它们过滤掉。如果有什么人或事让我们感到不愉快，也不必过多地去计较，多一些糊涂，少一点聪明，彼此的相处便会融洽不少，你的幸福自然也就不请自来。

生活就是这样，只要你以一颗博大宽容的心去对待它，它就会给你意想不到的惊喜。所以，我们必须拥有这样的心态，要想家庭幸福，我们必须要懂得在一些小事上学着装装“糊涂”，在家里你不一定要很聪明，但一定要清醒，而糊涂做事就是清醒的一种表现。

黄老师的幸福之道

婆媳关系的和谐虽然并不容易，但也并非不能实现。只要你针对婆媳关系难处的症结，用自己的爱去经营，同样能够让婆媳关系和谐融洽。针对以上几点婆媳关系容易产生矛盾的原因，我们完全可以自己去化解。

具体地说，我们可以从以下几方面来处理婆媳之间的关系。

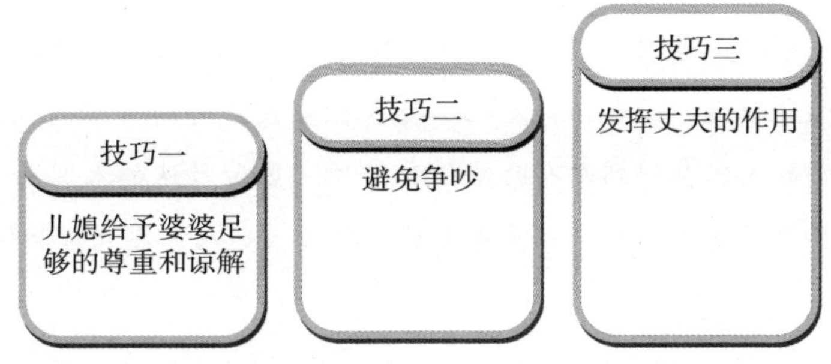

（1）儿媳给予婆婆足够的尊重和谅解

儿媳要与婆婆和谐相处，就要先学会尊重、谅解婆婆，尊重婆婆的生活习惯以及在家庭事务上的处理权利。婆婆是丈夫的妈妈，是长辈，我们应该尊重。比如，婆婆嫌你买的衣服太贵，说你不知节俭，此时你就应该给予婆婆体谅和尊重，体谅她和你的消费观不同，尊重她是长辈，不和她争辩，“有则改之无则加勉”就好。

（2）避免争吵

婆媳之间出现分歧、产生矛盾是在所难免的，但因此而争吵，破坏家庭和睦就不应该了。当然，人都是有情绪的，但是为了不让事情变得更糟，丈夫一定要学会控制自己的情绪。虽然不能决定婆婆或妻子用什么态度对待丈夫，但是可以以更为平和的心态对待她们，这样就能避免争吵，等到双方的情绪平息以后再进行沟通。

(3) 发挥丈夫的作用

丈夫是婆媳关系的重要纽带，要充分发挥中介的作用。丈夫是最了解婆婆的人之一，可以告诉妻子，婆婆喜欢什么，不喜欢什么，能做什么，不能做什么，应该采取怎样的方式和婆婆相处……当妻子犯了错惹火了婆婆，丈夫要先去安慰，这样妻子的善后工作也好做了。

幸福智慧

《论语》里说："恭、宽、信、敏、惠。恭则不侮，宽则得众，信则人任焉，敏则有功，惠则足以使人。"敬人者，人恒敬之，只要常怀恭敬之心就不会受到轻慢，以宽厚仁爱之心与人相处就会得到众人的拥护，讲诚信、守原则的人容易得到别人的信任和任用，勤劳敏达的人容易实现自己的愿望，愿意恩惠于他人，保持先人后己之心，别人才愿意帮助你。

第6章 8小时以内的职场幸福之道

——热爱工作，获得幸福

经常听到人们抱怨工作的枯燥乏味，因为工作对于他们来说只是一种谋生手段。其实如果我们把工作想象成充满幸福的巧克力，就会慢慢体会到工作的简单和快乐，甚至发现自己工作也是幸福的。本章从工作的实际出发，向你传授8小时以内的职场幸福之道，让你热爱工作，获得幸福。

01. “蘑菇经历”是人生的宝贵财富

相信大家都吃过蘑菇，可你们知道蘑菇的生长过程吗？蘑菇一般都生长在阴暗潮湿的角落里，不见阳光，没有肥料，只能“自求多福”。

其实，刚进入新环境的我们，也常常跟蘑菇一样，无人问津，不受重视，说不定还会被人踩上一脚，遭受各种不公平的对待。

由于过程实在是太艰难，很多人都无法忍受“蘑菇经历”。

雅文大学毕业，和同龄人一样，一头扎进了找工作的大军。最开始，她在一家私企做前台，能每天打扮得漂漂亮亮地去上班，让雅文十分开心。但是工作内容不是核实预约、通知老板，就是收快递，她觉得自己堂堂一个本科生，有点大材小用了。不久，她就辞职了。

后来，她开始做房产中介。一开始她工作得很愉快，联系客户，带客户看房。但是没过多久，她就厌烦了，每天风里来雨里去，带着客户看房，客户还不一定满意，也许“走断腿”也不一定能成交一单，还得时不时忍耐客户的坏脾气。这份工作也不合她意，她又辞职了。

她的第三份工作是出版社的文字编辑，因为雅文没有任何工作经验，所以又要做“蘑菇”，每天对着电脑还有改不完的文稿，让她再次失望。此时，她的大学好友思思已经是一家私企的中层管理人员了，十分受领导重用。再看看自己，一事无成，莫名的沮丧感涌上全身，雅文又辞职了。

像雅文这样刚毕业又没工作经验的大学生，不停地换工作，永远都只能是“蘑菇”，没有发展的机会。不只是雅文，吃苦耐劳是现在年轻人较普遍缺乏的精神，心浮气躁，不肯当“蘑菇”。他们不是抱怨工资太低，就是抱怨老板太苛刻，每个人都想找一份既轻松待遇又好的工作。结果换来换去，一事无成。可以说，没有做“蘑菇”的勇气，满脑子不切实际的幻想几乎成了很多年轻人的通病。

千里之行，始于足下，任何成功的事业都是从最基层开始做起的。年轻人总觉得自己怀才不遇，“此处不留爷，自有留爷处”，自己的“理想”在面对现实时，只会变得不堪一击。

“吃得苦中苦，方为人上人。”这是老生常谈的话题了。小时候不以为然，不过现在我理解得非常深刻。

我认识很多职场精英，他们身上都有共同的优点，就是肯吃苦，敢坚持。跟那些三天两头就跳槽的人相比，他们的事业更成功，生活更美好，未来更光明。为什么如今的我们会远远落后于那些当初和我们处于同一起跑线上的人呢？原因就是我们不踏实，不肯吃苦，宁愿做“跳蚤”，也不肯做“蘑菇”。

如果我把职场比作股市，短线投资收益低，就像那些三天两头换工作的人，收入低，工作不稳定；中线投资收益一般，就像那些两三年跳一回槽的人；长线投资收益可观，时不时还会有惊喜，就像那些专注于一个岗位，精益求精的人，他们踏实肯干，收获巨大。因此，我大胆预测：专注一个行业十年你就能成为精英。

说起柴静，大家都不陌生，著名的主持人、记者。但是，柴静起初并不是科班出身，刚进入电视台，她也吃了很多苦。但是她愿意放低姿态，虚心学习。

尽管在新闻之路上吃了不少苦，但是她十分专注，十年时间持之以恒、不懈努力，才造就了今天的柴静。

新东方的掌门人俞敏洪，高考考了三次，大学毕业时，他是班上倒数第五名，连他自己都说，他并不是一个聪明人。但是，俞敏洪肯吃苦，别人做五天，他就做十天，别人做十年，他就做二十年。正是由于他肯吃苦，肯沉淀，才成就了今天的新东方。

能让我们作为榜样的，不只是柴静、俞敏洪，大多数名人的成功之路告诉我们，没有吃苦耐劳的精神，就难以成功。吃苦的过程，就是一种“蘑菇经历”。“蘑菇经历”其实是好事，就像毛毛虫成为蝴蝶前一定要经历破茧而出的痛苦。我们在阴暗的角落里成长、沉淀，不会有多少人关注，但是一场雨水过后，当阳光穿透厚实的树丛，我们一定会身披晶莹的露珠，破土而出。不鸣则已，一鸣惊人。

黄老师的幸福之道

想升职、想上进固然是好的，但是如果不肯吃苦，不肯做“蘑菇”，就难免会使自己陷入眼高手低的痛苦之中。如果不及时进行调节，这种痛苦和失落感势必会阻碍职业发展，最终使我们陷入恶性循环之中。为此，大家可以试试用下面三个技巧来调节自己。

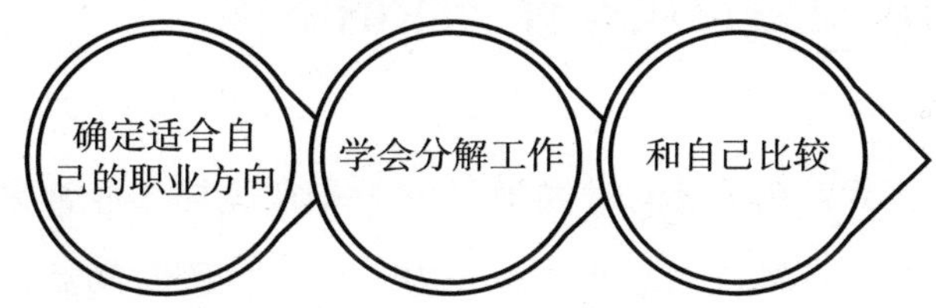

（1）确定适合自己的职业方向

在工作中缺乏“蘑菇经历”的人，大多是因为给自己制定的目标或期望太高了，这样就会使我们无法轻易获得满足感。所以，最根本的解决方法就是正确地评估自身的真实能力，确定适合自己的职业发展方向，并逐步开展规划，每前进一步，就会产生不同程度的满足感。

（2）学会分解工作

分解自己的工作，将一个整体的工作目标或结果分成若干的小环节，并将这些环节写在字条上面，每完成一项任务，就用笔“勾”去一件，并设定奖励机制。当要做的事一件件地减少，获得的奖励越来越多时，满足感就自然产生了。

（3）和自己比较

只和自己比较，比一下自己今天是否比昨天有了进步，比一比这次工作是否比上次更为出色。这样不但能解除自身做“蘑菇”的空虚感，也能督促自己不断取得进步。

幸福智慧

《孟子》里说：“天将降大任于斯人也，必先苦其心志，劳其筋骨，饿其体肤，空乏其身，行拂乱其所为，所以动心忍性，增益其所不能。”人生遇到的每一次考验的背后都有“礼物”在等你，而考验往往是与你的“礼物”成正比的，这样能让你的性情更加坚韧，并且增加你所缺少的才能。

02. 正确的职业定位成就你一生的幸福

我有一个学员，在学校的时候学习成绩非常优异，经常拿奖学金。毕业后，她顺利地进入深圳一家外企做人力工作。一段时间后，她觉得这份工作没意思，又干起了汽车销售。在做销售的一年中，她虽然赚了些钱，但是工作非常累，常常让她耗尽精力。后来，她看到自己有朋友在做导游，天南海北到处玩，心里十分羡慕，于是她也考了导游证，做起了导游……

但是，半年后，她开始觉得导游工作常年在外，没办法谈恋爱，又辞了职。后来她广投简历，进行了很多场面试，还是没能找到一份中意的工作，她开始迷茫了。

我看她这个样子，便直截了当地跟她说：“你要是想找到一份理想的工作，摆脱目前的困境，就要弄清楚，你到底想要什么。”

现在像她这样的年轻人比较多，大学毕业，眼高手低，找工作时像个无头苍蝇，不知道自己适合什么岗位。好不容易找到一份工作，干了一段时间，发现自己不喜欢，于是跳槽重新开始。刚进入社会的年轻人，一人吃饱全家不饿，没什么负担，可以多学多闯，这能在短时间内取得非常大的进步。等到了一定的人生阶段，家庭和养老的担子压到身上，就没有精力做一个具体的职业规划了。所以，我的建议是：在年轻的时候，搞清楚自己的定位，确定自己的人生方向。这是非常重要的。

一个人的职业生涯是一个漫长的过程。如果我们把职业生涯分成若干个阶段，每十年为一个阶段，在每个阶段我们要为自己制订一个目标，以目标为基准，找准定位，明确方向，这样，职业就有了准确的定位和规划，人生也会变得更加充实、幸福。

通常来说，一个人的职业生涯可以分为以下四个阶段。

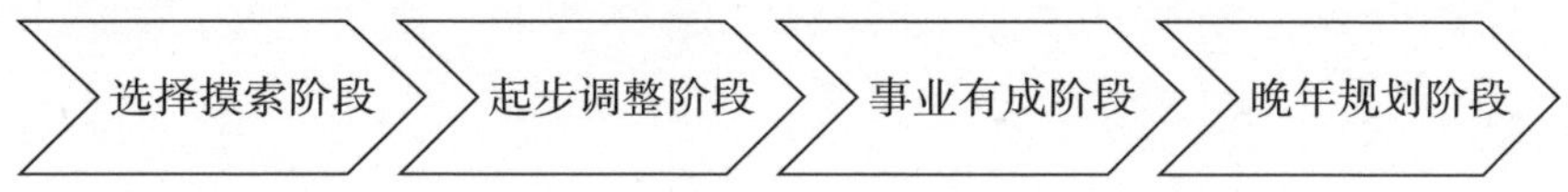

阶段一：选择摸索阶段

此时，我们刚刚走出校园，步入社会，选择职业非常重要。首先要明确自己的目标，知道自己到底想做什么。有头脑、有策略的人，往往会把目标定在高薪的行业，并且优中择优。假如你不知道自己想干什么，说明你的目标还不明确，对成功的渴望还不够强烈。此时，你更应该不断充实自己，多向经验丰富的人取经，早日找到自己的定位。

阶段二：起步调整阶段

这个时候，我们大多数人工作都比较稳定了，也都找到了适合自己的工作，并且在岗位上发光发热。此时，就要好好考虑自己是否想在这一行做下去，是否想挑战新的可能。若职业生涯发展得好，可能会面对一些困难，因为“爬”得越高，难度越大。如果你还想观望，付出的代价会越来越大。因此，目前的情况若不是你想要的，就要及时做出调整，并且努力达成新的目标。

阶段三：事业有成阶段

到了这个阶段，我们大多数人已经硕果累累，开始享受自己的劳动成果，升职加薪，出国旅游，等等。如果我们还是平平淡淡，那就要好好反省自己了。找出主观原因，认识自己，改变自己，把握机会，才能获得成功。但是事业有成并不意味着万事大吉，还要趁这个时候多“充电”，紧跟时代进步的节奏。

阶段四：晚年规划阶段

在这个阶段，我们就要好好为自己的晚年进行规划了。此时的我们，已不再如骄阳般充满能量，假如我们想继续自己的事业，就要考虑自己的健康状况能否跟得上工作的节奏。假如我们想让自己安度晚年，周游世界，就要认真查阅资料，做好攻略，让自己的旅途丰富多彩。

时间如白驹过隙。我们更应该珍惜时间、抓住时间，做自己喜欢并且有意义的事情，不要等老了回忆起来，发现自己的人生，只是一本空白的草稿纸。

黄老师的幸福之道

是什么样的人，就应该处在什么样的工作岗位上。要知道，一个人只有在适合自己的职业中，才能激发工作的积极性，才能更大限度地发挥出自己的才能和潜力，才能更有成就感从而获得幸福。

在本节中，我们讲述了如何对职业的四个阶段进行职业定位，这是十分简单、谁都可以实践的方法，只要稍加学习，就可以达到很好的效果。

幸福智慧

《大学》里说："大学之道，在明明德，在亲民，在止于至善。知止而后有定，定而后能静，静而后能安，安而后能虑，虑而后能得。"大学之道，在于弘扬、彰显高尚的品德，在于教人弃旧图新行于正道，在于使人达到最完善的境界。知道应达到的境界才能够志向坚定；志向坚定才能够镇静不躁；镇静不躁才能够精神安稳；精神安稳才能够展开周详的思虑；思虑周详才能够有所收获。

03. 有梦想的人是幸福的——做好职业规划

关于职业规划对于一个人的重要性，年轻时候的我们是很难体会到的。在大学刚毕业或拥有大把青春的时候，我们选择从事什么工作往往是没有进行慎重思考的。然而，当经历这个时间段以后，做什么工作、如何发展自己的职业就变得尤为重要。

如果你对自己的工作至今找不到感觉，甚至觉得可有可无、提不起任何兴趣；如果还没有想到如何为自己的晋升提供空间；如果没有参加过任何一个进修班，任自己原地踏步却依然心安理得。那么，在不久的将来恐怕得遭遇"职业危机"。因为，以上种种都说明你很可能是个不思进取、毫无危机意识的人，你认为自己可以在现有的职位上安安稳稳地过一辈子吗？不可能的。想要待得长久，必须得"有用"才行，先看看你的可用价值还剩多少吧。俗话说："逆水行舟，不进则退。"可以先来测测你的现状：

①你每天早上出门是不是都慌慌张张的，就算不至于穿错鞋和袜子，也会没有时间在出门前重新打量一下自己。等匆匆忙忙赶到公司

才发现上衣好像又搭配错了，更可气的是你的主管居然又一次提醒你明天那个重要会议一定要注意着装——你的职业形象正在不知不觉中拉响警报。

②你是否记性不好，忘性却很强？前一秒要向老板汇报的工作，下一秒推门进去就忘了自己要说什么，站到同事面前时忘了要干什么，拨通客户电话后忘了想说什么……频繁出错让你的认真态度备受打击，每次被老板叫进办公室都提心吊胆——你的反应危机仿佛时刻在提醒你："工作末日"随时会到来。

③你是否经常失眠、胃痛、头疼、眼涩、颈椎病、内分泌失调，你的包里除了安眠药就是止痛药，觉得自己浑身上下没有一个好"零件"，但是又查不出具体是什么毛病——健康危机开始让你疑神疑鬼。

如果拥有上面三项里的两项，那么说明你已经危机四伏了。这些问题看似和职业生涯没有什么必然联系，却恰恰是职业危机的组成部分。无论是形象、反应、情感还是健康，都跟职业密切相关。忙碌、压力、人际关系造成了以上各种危机的出现，而这些危机有一天也势必将你的职业和前途打垮。

通过上面我的测试，如果你已经遇到了这样那样的危机，这时，你一定会问："黄老师，那么接下来我应该如何做呢？"

很简单，你需要为自己的职业生涯做一个全面的规划。职业规划能决定你以后的职业道路如何走下去，是继续过着"当一天和尚撞一天钟"的日子，还是拨开迷雾，找到属于自己的一片天空，就看你自己的选择了。

当然，问题的关键还是一个正确的职业规划应该怎样做？在这里，我将教给大家制定职业规划的四个步骤：

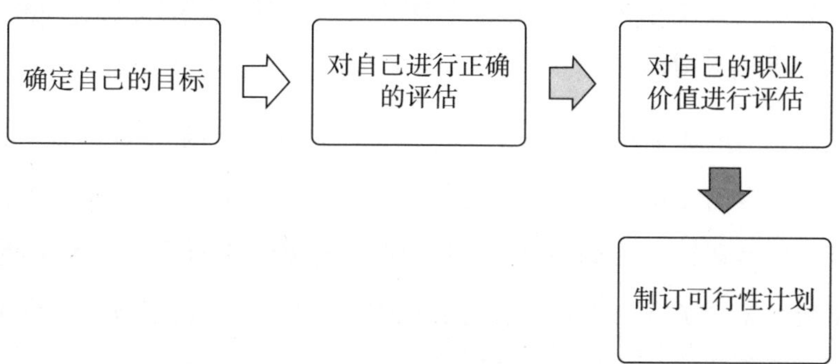

第一步：确定自己的目标。即使你不相信“有志者事竟成”这句话也无所谓，但是不可否认人一旦有了目标，生活也就有了奔头。所以，不妨先弄明白自己想要什么，做自己想要的、喜欢的、有意义的才是真理，也才能做出名堂。

第二步：对自己进行正确的评估。要做什么之前，除了知道自己想做什么，还得明白自己能做什么、做多少，好高骛远的结局往往是凄惨的。所以，要把自己的智商、情商等都考虑进去，讲得通俗一点就是要做力所能及的事。做自己能力范围内的事才更容易成功，如果能力不足又实在想做，那就得努力加油了，虽然困难了点，但是提高自己也并不是不可能的事。

第三步：对自己的职业价值进行评估。对自己进行正确的评估后，还要看这个职业的价值到底有多少，值不值得你去冒险。社会环境、政治环境、经济环境等都是要考虑的因素。如果能做到趋利避害当然很好，如果不能，那就不妨趁早放弃，去试试其他更加可行的方案吧。

第四步：制订可行性计划。有了目标、方向和动力之后，怎样去实现它就变得至关重要，分几步走、怎么走都得考虑到。具体实施起来就是如何提高自身能力、提高工作效率、提高工作质量，更快、更好、更快乐地去完成这个计划。

黄老师的幸福之道

制订自己的职业规划并不是一件很复杂的事情，无非就三点：找自己喜欢的、做自己能做的、抓环境允许的，将自身、环境和职业三者的关系协调好，然后认认真真地去做，那么成功便离你不远了。即使不想做强者，哪怕只是为了自己不被适者生存的社会所淘汰，做好自己的职业规划也是很有必要的。

幸福智慧

《大学》里说："物有本末，事有终始。知所先后，则近道矣。"天地万物皆有本有末，凡事都有开始和终了，能够明白本末、终始的先后次序，就接近事物发展的规律了。

04. 幸福就是做自己喜欢的事情

在给一些企业做培训的时候，经常有学员对我说：自己已经厌倦了这份工作，因为自己的工作常常会让自己觉得疲劳。每当听到这种说法，我便会问他："你的工作透支了你的体力吗?"对方的回答往往是否定的。

事实上，那些已经完成的工作并不会使你疲劳，相反那些还没有做的工作却始终困扰着你。

比如，白天工作的时候，很多事情都没有完成。晚上当你下班回到家的时候，就会感觉到疲惫不堪。第二天，你的工作如果一下子变得非常顺利，不仅完成了当天的工作任务，还得到了上司和同事的称赞。那么你下班回到家时一定会是神采飞扬、精力充沛的。

所以，让你感到疲劳的，并不是工作本身，而是工作的不顺和挫折。

那么，我们究竟该如何克服工作的厌倦感？很简单，做自己喜欢的事情。

说到这里，肯定会有人反驳说：不是所有人都能找到一份自己喜欢的工作。确实如此，一个能做自己喜欢的事情的人，在工作中会体会到乐趣和满足感，那么他肯定是幸福的。但是，这并不是说，你做的事情不是你喜欢的，它就不能给你带来乐趣。预算员大概是一种很枯燥的工作了，然而有人却能从中体会到乐趣。

一次偶然的机会，我认识了一个“90后”的女孩，她从事的是造价预算的工作。这份工作使得她时常要去建筑工地跟一些工地上的“大老粗”交流，业余时间还要加班加点地与一堆数字较真。工作的第一年，女孩觉得自己很辛苦，起得比鸡早，晒得比炭黑，拿的却是微薄的薪水。看着身边的同学都开始转行，她有些动摇了。

过年回到家，爸爸与她谈心，说到建筑施工时，他神采飞扬，爸爸以20多年施工管理的工作经验告诉她：建筑这个行业值得你一辈子去探究，它可以成就你，给你想要的生活。爸爸的劝导点燃了女孩的心，再看看爸爸给家里创造的生活环境，她开始重新思考自己的工作。

第二年，女孩的工作态度变了，她开始在平凡的工作中寻找乐趣。对于陈旧性的工作，她试着改变工作方法，提高工作效率。每天清晨，她都会按时起床，穿上前一天精心搭配好的服装，精心梳洗，以饱满的精神状态开始新一天的工作。她的办公桌上每天都有一张可爱的便利贴，上面详细罗列着这一天的工作生活安排，甚至包括几点吃水果，什么时候去管理桌上的绿植这些生活小事。

对于有挑战有难度的工作，女孩不再像以前那样挑三拣四，怨天尤人，她开始积极思考。工地上项目经理仍叫她黄毛丫头，对她工作中的失误仍然毫不留情，但她不再感到委屈，她开始反省自己的不足，主动向前辈们请教。后来她发现，原来这些施工老前辈真的很可爱，他们虽然说话嗓门大，但每一句话说得都很在理。他们虽然风风火火，但他们的业务能力无人能及。而随着女孩业务能力的不断提升，施工老前辈们对她也越来越友好。

工作变得顺利了，与同事配合得也更加默契了，女孩不仅连续三年都被公司评为优秀员工，还进入了公司后备人才库。同时她也遇到了自己的人生伴侣，实现了爱情和事业的双丰收。

同样的工作，同样的环境，女孩改变了自己，从而成就了自己。

所以，我想告诉大家：幸福就是做自己喜欢的事情，如果你的工作并非你喜欢的，那么你要具备让自己幸福的能力。这种能力就是在枯燥的工作中发现乐趣，在工作中追求美好，或许打开你“幸福开关”的只是一花、一物、一语，是朗朗清风，是清新空气，是温暖红日，是月盈月缺，抑或是同事的笑脸、上司的称赞。你会觉得，这样工作，真幸福。

黄老师的幸福之道

做自己想做的事，很难；在生活压力和诱惑纷繁的情况下做自己想做的事，更难。但这不能成为我们工作不快乐的理由。当我们坚持自己的理想，不管环境多么恶劣，多么艰苦，只要内心足够强大，一定能熬过去。

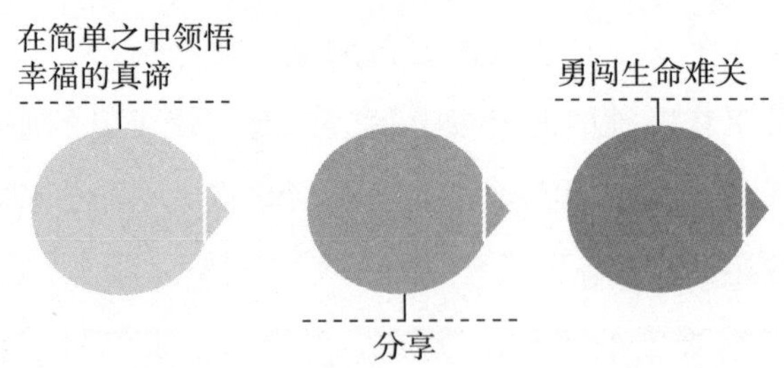

(1) 在简单之中领悟幸福的真谛

我们真正需要的东西并没有那么多，不知足地一件一件地拿，永远没有尽头。何不放弃一些不需要的东西，减少自己的想法，简简单单地工作与生活。

（2）分享

时不时地给工作一些全新的刺激，这样才会不断地成长，感觉每天都是新鲜的，让工作的无聊变成快乐工作的启发。比如把自己的一些对新闻的见解说给同事听听，彼此分享一下。

（3）勇闯生命难关

工作是为了生活，但生活绝不是为了工作。为幸福而活，为梦想而活。人类社会也同样存在着物竞天择的法则，生存环境愈加严酷，活着就更要靠自我的智慧与勇气。

幸福智慧

《论语》中子曰："贤哉，回也！一箪食，一瓢饮，在陋巷。人不堪其忧，回也不改其乐。贤哉，回也！"在一个简陋的环境中，我们从容面对，这固然可喜，但不抱怨的人更值得钦佩，因为在一个简陋的环境中生活仍然没有抱怨，才算是坦然于胸，在一个简陋的环境中生活不仅没有抱怨，仍没有忘记修行道德，还能乐在其中，才是人生的最高境界。

05. 职场莫强求，努力过则无憾

我在给一些企业做培训时，常有员工向我抱怨公司待遇不公平，竞争靠结帮派、晋升依赖潜规则等。这样的抱怨听多了，我发现他们尽管说法不一，但根本问题都一样，这些问题直接降低了员工工作的幸福指数。马云说过员工离职的原因很多，但只有两点最真实：一是钱没给到位，二是心受委屈了。

我的一位学员，毕业于华中科技大学，在深圳一家知名企业工作。因为她思维缜密、勇于创新、管理大胆、认真负责，很快便在岗位中脱颖而出，第二年便晋升为部门经理，管理一个近20人的部门。

然后在后面长达5年的工作时间里，她的职业发展路线一直止步不前。她所负责的部门工作业绩虽然十分优异，但每次有晋升机会时，名单中都没有她的名字。

后来她发现，公司女性高管基本都是美女，并且说话办事特别招人喜欢，看见老板更是百般奉承，总结起来就是左右逢源的资深美女。

这位学员出身书香门第，从小父母对她要求就很严格。她讲话严谨、办事沉稳，平时不喜欢开玩笑，更不会刻意去逢迎别人，所以工作以外的时间她未免显得过于沉闷。因为不能突破自己，职业发展遇到瓶颈，她对工作的满意度开始降低。

由于她的一些个性问题，使她不能很好地与上司、同事沟通，平时更是把职场的怒气和不快指向自己或家人，采取压抑、回避、退缩的行为模式来应对工作中的矛盾冲突，让自己感觉很不幸福。

在职场中，像这位学员这样的并非个例。当一个人的工作获得相应的回报以后，他不仅关心自己所得回报有没有到位，更关心自己所得的回报是否公平合理。为了判断这种合理性和公平性，就需要通过多种比较来确定。

有一种比较称为横向比较，即将自己获得的回报与自己的投入同团队里其他人做对比，当回报一致时，我们才认为公平。

还有一种比较为纵向比较，就是把自己目前的投入与回报的比值，同自己过去投入的努力及所获回报的比值进行比较，当回报一致时，我们才认为公平。

我曾经在报纸上看过一个关于工作中所获得的幸福的研究，最后的结果证明：如果员工得到公平的待遇，他的血压就会维持在较低水平，心脏病的发病率也比受到不公平待遇的人低30%。因此，专家认为，受到公平对待能给员工减小压力，也意味着员工在工作中获得的幸福会多很多。

尽管公正、公平可以让我们快乐地工作，但在现实中，任何一家公司，都不可能做到百分之百的公平、公正。

水至清则无鱼，没有完全公平的世界，更没有绝对的公平，又有谁能始终把一碗水端平？更何况老板的角度和视野非我们所能及，他的特权和抉择我们又怎么可能即刻领会？既然如此，我们何不放平心态，不要去追求这种莫须有的公平，用努力过则无憾来勉励自己，平和会让我们的身心更加健康。地球始终在自转，这一刻你站在有失公平的一面，下一刻有可能就会轮到你站在公平的一面，不是吗？

黄老师的幸福之道

如果你工作兢兢业业，尽职尽责，而那些溜须拍马的同事却先你一步得到了领导的重用。当你意识到自己正身处一个不公平的发展环境时，郁闷、愤怒、难过等各种情绪就会成天围绕着你，这些情绪会影响到你的五脏六腑，同时你会发现自己变得愚钝，工作的灵感与创意也随之失去了，更别谈感到工作的幸福了。这时，可以试着应用下面的方法：

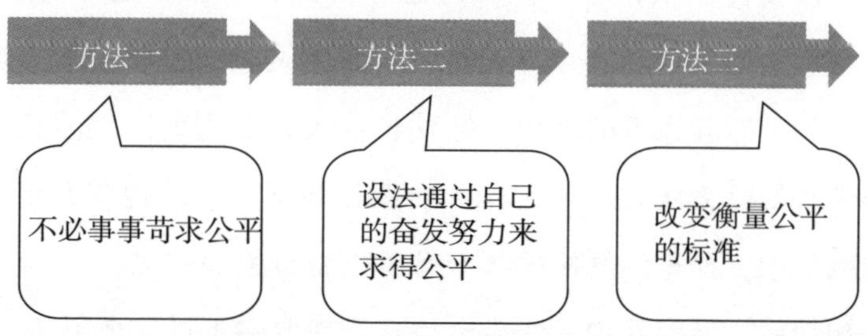

（1）不必事事苛求公平

不要每天拿着一把尺子去衡量你面对的一切，越计较越不易得到。既然没有绝对的公平，不妨坦然一些，何必事事苛求公平？

（2）设法通过自己的奋发努力来求得公平

尽管总是遇到不公平，但我们仍然不能放弃，努力成就自己，改变自己，让自己变成熟，当机会垂青于你的时候，我们才不至于因错过而感到遗憾。其实领导也喜欢被尊重和认可，所以不要老是拒领导于千里之外，这不是溜须拍马，这是必要的工作礼仪和沟通。

（3）改变衡量公平的标准

抱着一种塞翁失马，焉知非福的心态去对待每一次的失意，就会发现虽然此时失去了，但收获可能在下一刻，其实你并没有损失什么。

幸福智慧

《论语》里说：“不患无位，患所以立；不患莫己知，求为可知也。”不怕没有适合自己的官位，就怕自己没有学到站得住脚的本领。不要愁没人赏识自己，只求自己努力成为有真才实学值得别人赏识的人。

06. 卸下压力，立地轻盈

我有一位女性挚友，她不仅秀外慧中，真诚大方，还特别热情友好，身边的人都把她当作自己的知心大姐。然而你可能很难相信五年前的她是什么样子。为了撑起家里的重担，她独自一人在沿海地区漂泊长达十年之久。工作带来的巨大压力，独在异乡的孤独和落寞，让她有五年的时间处于失眠的困扰中，严重的时候她甚至有过割腕自杀的想法。

我们相识后，她对我说，常常觉得自己快要喘不过气来了。

每次她讲完这句话，我总是让她先通过腹式呼吸法先平静下来，接着让她把感到有压力的事情罗列出来。巧的是，每次经过我的一番引导，最后她列出来的让她有压力的事情总是不过两三件。我问她：为什么就这么两三件事情，会让你感到有如此大的压力呢？

她皱了皱眉说：“每次一有压力出现，我就会想起一连串的事情，你知道我先生不管事，不操心。我每次想着想着就觉得什么都困难，没有一件如意的事情，从而感到自己的人生很可悲，一直活得很累。”

谈到她的家庭，她坦言先生是名公务员，幸福指数特别高，对未来的很多不确定的事情乐观得让她不解。她的女儿也是个开心果，平时很会照顾自己，从不让自己受委屈。于是我不解：“你这么幸福，到底在苦恼什么？是不是给自己的压力太大了？”

她说：“可能我是个比较贪心的人吧，总希望拥有更好的生活，一旦达不到自己的预期就会很焦虑。”我看着 40 岁的她，原本清秀的面庞上有了不少的斑点，眼角的鱼尾纹也比较明显了，前额的头发也花白了不少。

她拿出她的全家福照片给我看，照片中她比先生看起来要苍老许多。

我给她分享了一段治愈了很多人的视频。视频中一位白领丽人在众目睽睽下被上级领导痛批一番，这位领导甚至下了最后“通牒”，如果这件事处理不好，就让她直接走人。这位白领在同事的窃窃私语中回到了座位。

只见她回到办公室，先是走到窗前远眺十分钟，接着喝了一杯咖啡，然后竟然打开电脑，玩起了消消乐。二十分钟后，笑容神奇般地回到了她的脸上，她坐下来，开始用 SWOT（态势分析法）对事情进行分析，接着查找文件，积极沟通，四处协调，最后她竟然在规定的时间内笑容满面地走进了领导的办公室开始汇报成果，而那场“血雨腥风”的批评仿佛从来没有出现过。

看完这段视频，她陷入了深深地沉思。我提议说我们来对这段视频做一个总结吧，她欣然同意。我们发现：

首先，在面对压力时，这位白领先是让自己平静下来，她采取的办法是远眺和喝咖啡。

其次，通过玩游戏转移注意力，避免自己进一步给自己加压。

再次，面对压力和困难不回避也不畏惧，主动破冰，积极解决。

最后，她用自己的实力顶住了压力，战胜了困难。

我说压力其实跟弹簧一样，你强它就弱，你弱它就强。现在很多人开始崇尚极简、淳朴、原生态的世界，也正好说明我们的心灵需要放松，需要简单，没有快乐的身心，谈何拥有幸福的人生？我们要学会将自己的压力控制在一个合理的范围内。

我建议她先让自己的生活慢下来，弄清生活的真谛和追求的本质。

或许是这段视频触动了她，或许是我的方法对她起了作用，总之在后面的交往中，她的笑容变多了。她说："有时候我仍然感到有压力，但同时我也会感到生活很美好，压力不再像以前那样一直困扰着我；我现在有很多爱好，常常与好友聚会、郊游、运动、逛街等。现在我的生活除了工作和家庭，还有很多让我愉悦的事情等着我去做，我发现生活其实很美好，我以前有些庸人自扰了……"

她感谢我为她指点迷津，让她不再被压力侵蚀。

我曾看过这样一段文字，文字中对于压力有这样一番诠释：

> "压力就像一根琴弦，没有压力，就不会产生音乐。但是如果弦绷得太紧，就会断掉。你需要将压力控制在适当的水平——使压力的程度能够与你的生活相协调。"

我想说的是：作为一名职场人士，一定要掌握好平衡压力的技巧。当压力让我们无法获得幸福时，一定要找到适合自己的方法来减压。卸下压力，才能立地轻盈。

黄老师的幸福之道

在我给企业做培训的时候，被问及最多的便是：如何快乐地工作？我会给出同一个答案：卸下压力，给自己一个喘息放松的机会，等到精神恢复、身心放松时，你会发现问题往往能够迎刃而解。

卸下压力其实是一种自我心理调适的过程。缓解工作的种种压力，到底以哪种方式为佳呢？下面建议仅供参考，大可不必循规蹈矩。

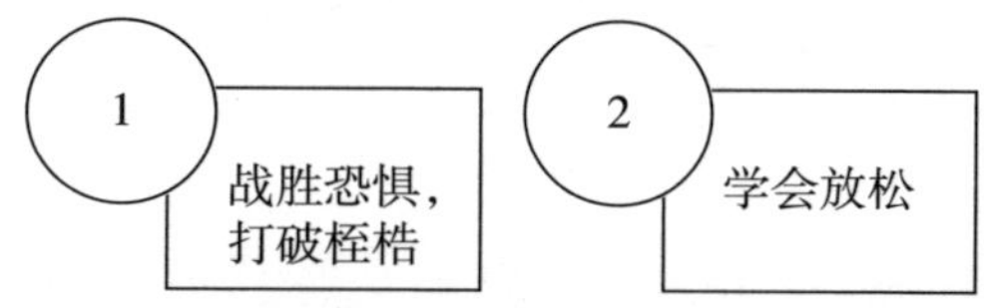

（1）战胜恐惧，打破桎梏

通过对学员的观察，我发现，大部分人工作的压力其实来源于对未知的恐惧和自己给自己佩戴的枷锁。其实，只要顺利地跨出哪怕小小的一步，就会发现让你备感压力的事已经迎刃而解。

尝试一下，换一种工作方法；尝试一下，在公司和同事开开玩笑、聊聊家常；尝试一下，与上司多多沟通……这些都是能帮你卸下压力的方法。当你战胜恐惧后，也就战胜了压力。

（2）学会放松

很多学员经常向我抱怨工作任务重，整天活在忙碌中。实际上，当你的大脑一天到晚都在想工作的时候，工作压力就形成了。这时，我们要学会在忙碌的工作中做到放松。

放松的方法有很多，比如，午休的时候小睡一会儿或看个喜剧电影；睡觉前看一篇有趣的文章；周末的时候和朋友去爬爬山，等等。

其实，减压的方法还有很多种，不同的人也会有不同的方式。关键是我们要找到适合自己的减压方式。

幸福智慧

给予即得到，放下即幸福。生命在于呼吸之间，生活亦如此，乐于呼出你的浊气才能吸入新鲜的空气，否则生命将无法持续。可是在现实生活中，没有人会觉得自己攥在手里、挂在心里的东西是该放下的。可往往就是这些看似理所当然的东西，束缚了我们的手脚和思想，使我们无法获得自由，无法感受幸福。一个人若一直放不下自己的执念，任凭欲望和贪念无限膨胀，最终会使自己不堪重负，人生也会变成一场痛苦而无聊的游戏。为了获得幸福的人生，我们要学会放下一些东西。

第7章 处理好金钱与幸福之间的关系

——远离贪念，自会幸福

金钱和幸福之间的关系，一直是人们永恒不变的话题。金钱可以让患病的人得到救治，可以让人们过上自己想要的生活……但前提是，我们在获得金钱和享受它时必须要有一个正确的态度，我们的幸福并不能完全依靠金钱。所以，我们要获得幸福，就要处理好金钱与幸福之间的关系。

01. 发自内心地欣赏物质之美

王媛长发及腰，衣带翩翩，活脱脱一个文艺女青年。从诗词歌赋到先锋艺术，她都能说上几句，是大家公认的女神。有一天，王媛约朋友吃饭。见面时朋友发现她一脸愁云，问她怎么了，她说一分钟前发生了一件很小的事儿，却让她感觉很不舒服。

原来，王媛约朋友在这家商场见面是因为这家商场有好几家奢侈单品正在三折限时抢购。她兴致勃勃地赶过来，却发现店门口已经排起了长龙，即便离活动开始还有三小时，大家也不肯离开休息一下。眼看着时间一分一秒地过去，队伍也越来越长，胜利就在眼前，但是王媛却渐渐感觉不对了。

王媛是这样形容当时的情景的："当我们在排队的时候，在我的身边，不断有来挑选正价商品的人打量着我们，他们不时斜着眼睛看我们，我渐渐感到了不适。队里其他的女孩也感觉到这种不适，都纷纷用大声说话来掩盖这种尴尬，有意无意透露自己是恰好来到，甚至谈起家里的奢侈品。好不容易熬到打折的时间，大家像饿狼扑食一样冲了上去。"

王媛就在这个时候离开了。她心情忧伤地问朋友："难道我跟他们一样，不敢承认自己也有虚荣心吗?"

诚然，谁都有虚荣心。但是，一个人能知道自己有虚荣心，并且承认，是需要莫大的勇气的。

"谈钱伤感情"我们总是这么开玩笑。在我们父母那一辈，大家都觉得，视金钱如粪土才是美德。比如，隔壁老陈有钱了，谁知道钱是哪儿来的，那纯粹是投机倒把。

他们绝对不会承认，这就是赤裸裸的“羡慕嫉妒恨”。

我们都在努力地获得财富，却又不敢大声谈钱。我们不敢承认自己对物质生活的向往，得不到的就要丑化它，贬低它，仿佛自己占领了道德的制高点。但是，我想反问你，你站在道德高地上，就不冷吗？

其实，当我们在讨论金钱的时候，还牵扯到我们的尊严。有了钱，我们不必在买 LV（路易威登）的包时还担忧着下个季度的房租；有了钱，我们可以带着父母一起环游世界，不用看着他们满头白发心怀愧疚；有了钱，房子车子都有了，不必天天计较银行利息、个人信用卡账单。甚至有了钱，我们可以过自己想要的生活，世界那么大，随我去看。

诚然，钱可以让我们获得很好的物质生活，但是，我们追求的仅仅是金钱吗？我们追求的是人生的选择权，是精神的自由。

我曾经看过毛姆写的《人性的枷锁》一书，书中对于金钱有着深刻的论述，我想分享给大家：

> “金钱好比第六感官，少了它，就别想让其余的五种感官充分发挥作用。没有足够的收入，生活的希望就被截去了一半。你得处心积虑、锱铢必较，绝不为赚得一个先令而付出高于一个先令的代价……经济拮据会使人变得渺小、卑贱和贪婪，会扭曲他的性格，使他从一个庸俗的角度来看待世界。”

只有当我们勇敢地承认“我喜欢钱”，我们才能不被金钱控制，和物质平等相处。只有正视这一点，我们才能更大限度地发挥主观能动性，通过自己的努力，过上想要的生活。

发自内心地欣赏物质之美，是幸福之道重要的方法。

如果你现在已经拥有非常优越的物质生活，请感恩它，欣赏它。仔细品味每一口红酒，耐心和服务人员沟通，认真打扫你的豪华公寓，好好感受高定礼服滑过你的每一寸肌肤。你热爱并且享受生活，但从不贬低他人。善待金钱，就是善待自己。周围的人会感受到你的谦和有礼，而不是势不两立。

如果你在物质方面有所欠缺，不要心急。首先，你要对自己做出正确的判断和定位，这样才能找到适合自己的岗位。给自己定一个小目标吧，当取得进步时，不吝啬对自己的夸奖，享受物质给你带来的快乐，感谢它为你解决燃眉之急，并为之继续努力。

其次，我们必须要承认一个事实，梦想和现实是有差距的，有时差距还不小。内心有欲望，有小小的不平衡是正常的，但是我们不能过多地关注这些。而是要面对现实，通过努力获取自己想要的。锦衣玉食固然好，但是粗茶淡饭也不失为生活的乐趣。

最后，让我们再把目光转到我的朋友王媛的身上。王媛的个人条件非常不错，饱读诗书，她完全可以让自己的专业技能更上一层楼，通过自己的努力，让自己越来越好，而不是为了自己是否是一个爱慕虚荣的人苦恼。

黄老师的幸福之道

我们追求物质上的快乐，也是在追求人生更多的选择和更多的自由。我们不能被金钱控制，要和物质平等相处。下面告诉大家“唤醒”财富的几个方法。

①发善愿。任何成功的人在生活中都会设立一个愿景，这个愿景应该是实际的。

②调整你与父母的关系。当你感到从父母那里受到伤害，将会缺少前进的动力从而苦于不现实的致富之路。如果你曾伤害过你的父母，你将面临极大的精神负担，因为家人是你的力量源泉。如果你和你父母的关系不

好，请尽快修复。

③调整与伴侣的关系。与伴侣的关系决定了你拥有财富的数量，女人为水，水为财，你的妻子是你的家财，你的家财不安，外财不入。

④尊重金钱。如果你是个爱交朋友的人，你的朋友自然很多，如果你是个尊重金钱的人，你的钱自然也像你的朋友一样越来越多。

⑤内在诚实。当你需要钱时要知道为什么。应该看到自己的意图和动机。你应该看到欲望背后的伤害、贪婪、比较、嫉妒和野心。当你的内在整合了，财富自然会到来。

⑥感恩。当你没有对那些曾帮助过你的人表达感恩，你的思想执着于负面状况，将你置于无法控制的感情状态，这样也会制造出无法控制的现实情况。

幸福智慧

《大学》里说："仁者以财发身，不仁者以身发财。"仁者，仁民爱物，慈悲喜舍，驾驭财富，用财富帮自己发德明功，立身行道；不仁者，则是以自身的生命、人格、尊严为手段，以发财赚钱为目的，当下可错觉为享受，实则被财富驾驭和奴役。

02. 凭借良知去做事，财富才可能不请自来

在一次培训课上，有位学员问我："现在很多人的良知都存在于声色获利之中，是吗？"

听到这样的问题，说实话，我的内心挺震撼的。

认真地思考了一会儿，我回答道：这个观点并不严谨，并不是所有的声色获利都是在利欲熏心、失去良知的情况下所获得。大部分声色获利则

是通过正常合法的途径、坦荡磊落的方式获得的。面对声色获利，没有人会选择排斥、拒绝，但是如何去对待声色获利，将会决定我们的内心处于什么样的状态，内心的状态会影响到我们的幸福。

比如，有人过于迷恋声色获利，不愿归于平淡的生活，不惜违背良心和道义，失去做人的底线，他的生活从此变得腐化堕落；而有的人采取不留恋、不惋惜，坦然面对一切得失，欣然接受生活的不同姿态。当他在遵守良知的前提下，通过努力获得了声色获利，他就可以自在享受他所拥有的一切。

作为一名研究幸福之道的讲师，经常会有学生问我："黄老师，您是不是特别不看重钱?"

当然不是!

我从来不否认钱给人带来的便利。但我们在获得金钱和享受它时必须要有一个正确的态度。

有些贫穷的人不仅物质贫乏，思想也很偏激。他们将声色获利作为自己的人生追求，因为不能实现心愿，对生活感到无比灰心。如果他们有着好的人生态度，把良知当作是自己的底线，那么，他们就不会为了这些身外之物去烦恼了。除了贫穷的人，很多富有的人同样感觉不到幸福，因为他们不仅要保住现有的声色获利，还要为继续追求更多的声色获利而费尽心机。良知失去得越多，内心的不安便会增加得更多，幸福也会离他们越来越远。对于这些不幸福的富人，我只想对他们说：以良知来获取声色获利，良知会让你心安神宁，对待富贵，不要过于苛求，富贵来了，欢迎；富贵走了，不留恋，不惋惜。

当我们拥有了物质财富，我们却不能欣然接受它。因为它的获得违背了我们的良知，我们会担惊受怕。君子爱财，取之有道；为人坦荡，一身正气，都是在说明凭借良知去行事，物质财富才可能会不请自来，而且在良知的指引下，每个人都有追求声色获利的权利和能力。

幸福智慧

《大学》里提到："君子先慎乎德。有德此有人，有人此有土，有土此有财，有财此有用。"君子首先要注重自己的德行，要多做好事，让善事日积月累成为习惯而升华为高尚的品德，具有高尚品德的人会受到同样有德行的人们所拥戴，这也是所谓的"人和"。有德行的人会拥有更多的市场、机会和资源。那么具备了德行的人，又拥有了市场和机会，自然就能挣到钱。最关键的是最后一句话，有财此有用。这个用就是挣到钱后不能无所作为，不能做些有违于常理的事，而应有所作为，做有益于他人和社会的事情。这样财富才能循环运转，也就叫作财源滚滚。

03. 财富无常而仁德永恒，一旦有财须及时行善

古人云："将欲取之，必先予之。"这句话道出了行事的真谛。要想"取"，就要先"予"：我们要想摘树上的果实，就要先给树浇水、施肥；我们若想在事业上有所成就，就必须先付出心血和汗水；我们要想得到别人的帮助，就必须先去帮助别人；我们要想得到别人的爱，就必须先学会爱别人……

同样，我们想要获得财富，同样也需要"付出"财富。

作为一位传统文化的受益者，我以弘扬中华传统文化为己任，这么多年来，我一直坚持以扶贫和教育相结合的理念与慈善组织一同长期为贫困地区服务。

我为了我的家乡——广西百色市乐业县的贫困学生坚持了 10 年的扶贫行为，由于那里地处偏僻，封闭落后，人多地少，不少乡亲都要去外面打工以维持生计。我每次回去扶贫考查，都要亲自去家访，详细记录每个贫困学

生家庭的情况，从家庭户口到身体状况，从现实困难到发展意愿，我都会记下来。

回来后，我会和同事制订具体的扶贫计划，解决贫困学生的实际需要，最终帮贫困生完成求学的心愿。通过这么多年的慈善活动和扶贫服务，让我懂得了奉献不仅仅是一种精神，更是获得幸福的最重要的秘方。每当我奉献出自己的一份力量，我的内心都会得到极大的满足，那一刻，我感觉自己无比的幸福。

石油大王约翰·洛克菲勒有这样一句人生箴言："多挣钱为的是多奉献。"石油大王洛克菲勒创造了无数的财富，但始终过着简朴的生活，他不仅出资创建了芝加哥大学、洛克菲勒大学，更创立了当时世界上最大的慈善机构——洛克菲勒健康与教育基金会。可以说，他的财富来源于社会，也几乎都回馈给了社会。

作为新一代财富的领军人物——比尔·盖茨也给予了社会丰厚的回馈。2008年年底，当他从微软退休的时候，他慷慨地捐了580亿美元给慈善事业，而在此之前，他已经进行了超过290亿美元的慈善捐助。现在，他与妻子创立的比尔及梅琳达·盖茨基金会是全球规模最大的私人慈善机构。

为什么这么多富有的人如此热衷行善呢？下面，就让我从"幸福之道"的角度来看看，做慈善、回馈社会都有何好处。

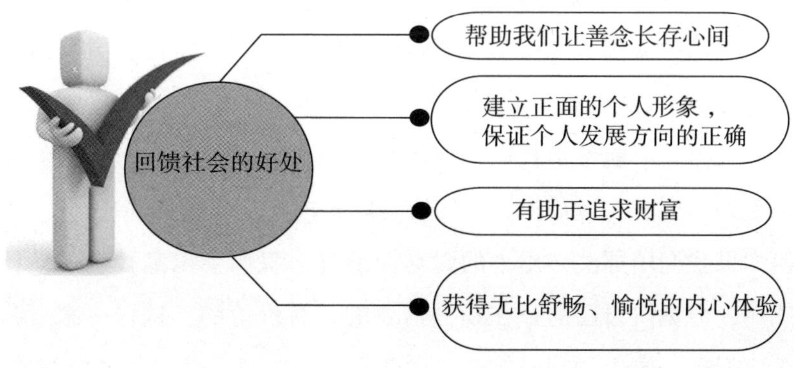

（1）帮助我们让善念长存心间

通过做慈善事业常保心中的善念，做慈善事业是一种有效的用行为影响心理的自我调节方法。

生活中有许多人在追求财富的道路上，为了追求财富而追求财富，甚至让追求财富变成了一种失去是非观念的下意识行为，这时，人就很容易迷失，甚至堕入罪恶的深渊。但是从事慈善事业，能够帮助我们让善念长存心间。

（2）建立正面的个人形象，保证个人发展方向的正确

慈善投资所带来的宣传效果是任何广告都无法达到的。我们能从各种报道中看到一些从事慈善活动的企业和个人，他们在创造了巨额财富后，都不忘回报社会，因此也受到了众人的尊重。而通过慈善所建立起来的正面个人形象、所得到的社会认同，不仅会满足自我价值感、成就感、社会认同感等心理需求，而且会对今后的个人发展形成正面的引导，让我们做任何事都不违背这种个人形象与社会认同感，从而保证个人发展方向的正确。

（3）有助于追求财富

慈善事业能够帮助整个社会的经济大环境得到进一步发展，在一个更好的经济大环境中我们往往能够更快地获得更多的财富，进而可以拥有更多的财富去做慈善，就这样，形成了个人与社会双赢的良性循环。由此可见，行善不仅是我们内心的需求使然，更是一种获得财富的有效方法。

（4）获得无比舒畅、愉悦的内心体验

正如比尔·盖茨所说：“当你拥有1亿美元时，你就会明白钱只不过是一种符号而已。”财富，在满足了我们基本所需后，即使再多也不过是个数字而已，并不能带给我们更多的心理愉悦和满足。这时，我们需要满足自己更高层次的心理需求，否则容易陷入内心空虚的泥潭中。

但如果我们用那些多出来的财富做慈善，我们会得到社会的认同、他人的感谢，会觉得自己的存在是被需要的、有价值的。这样一来，我们将获得无比舒畅、愉悦的积极体验，而非空虚、寂寞、茫然等消极体验。

积善之家，必有余庆。我们在行善的时候，既能让别人获得幸福，也能让自己幸福。所以，财富无常而仁德永恒，一旦有财须及时行善。

黄老师的幸福之道

说起做慈善，大多数人往往并不排斥，但总是苦于没有充足的财富作为支撑。然而，我想要告诉读者的是：没钱也可以做慈善。即使没有足够的财富，我们可以以义工、志愿者的身份投入慈善事业中，同样会觉得自我价值得到了实现，同样会感觉到被他人所需要，让自己更幸福。

幸福智慧

《易经》里说："积善之家，必有馀庆；积不善之家，必有馀殃。"万事万物都在瞬息万变，包括人生所遇的福凶祸吉都在变化中。不要抱怨，不要消极沉沦，积极面对，命运依然掌握在自己的手中。一个人多做好事，多积功累德，就算有些不顺利的事情，也会逢凶化吉，慢慢变得好起来，不仅如此，还会给后世子孙带来恩泽。相反，一个人做不善之事，伤风败德的事做多了，即使人生本来一帆风顺，也会逢吉变凶，慢慢变得不好起来，不仅如此，还会殃及后世子孙，这也就是道规律，所谓"善不积不足以成名，恶不积不足以灭身"，说的大抵就是这个意思。

04. 让自己拥有别人抢不走的东西

在本节的开头，我想和大家分享这样一个故事。

李伟和陈亮是一对非常要好的朋友，有一天，陈亮接到李伟的电话。还没等陈亮说话，只听见李伟似乎用尽全身力气吼道："出来喝酒，快点！”

在一个餐馆里，陈亮看见李伟一个人颓废地趴在桌子上，陈亮走近拍了拍他的肩膀，李伟抬头，眼睛里竟然有泪水在滚动。

等李伟情绪好一些，陈亮才明白了事情的原委。

李伟就职于一家外贸公司，有一个跟了两年的客户，在这两年间，他几乎把所有的心血都花在这个客户身上，调动了大量人脉关系，熬夜修改策划案，终于，对方答应了与他合作。谁知有个同事听到了风声，偷偷和这个客户搭上线，给了对方更低的报价，还放出了一些对李伟不利的假信息，对方也没怀疑，很干脆地就签了合同。李伟得知真相后找到上司想让上司评评理，结果上司一看合同已经签了，就睁一只眼闭一只眼，让他们自己沟通。

听完李伟的叙述，陈亮松了一口气：“原来是被小人抢了客户。虽然委屈，但也不至于让一个堂堂七尺男儿痛哭流涕啊。”随后，李伟说：“你知道这个合同签下来的话，我能挣多少吗?”

然后，李伟对陈亮说了一个数字。陈亮一听，顿时热血沸腾，心想：这要是换了我，肯定要去找对方“拼命”。陈亮怒火中烧，跟着李伟一起咒骂起来。

嘴上痛快了一会儿后，李伟突然停下来不说话了，无比哀怨地对陈亮说：“我们这样三观正确、有底线、有节操的人，为什么总是吃亏，总是斗不过那些不择手段的人?”

陈亮一时愣在那里，突然悲从中来。

俗话说，流氓不可怕，就怕流氓有文化。他们身正不怕影子斜，架不住别人偏要踩着他们的影子走，明枪易躲，暗箭难防。更悲剧的是，大家只看重结果，胜者为王，至于是如何当上“王”的，别人根本不在乎。

那次宿醉后，陈亮和李伟做了一个重要的决定——做一个“坏人”。

既然做好人无法生存，那么他们干脆做“坏人”算了。于是他们开始研究《厚黑学》，《宫心计》《甄嬛传》也成了他们的“教科书”。

一段时间过去了，为了顺利出师，他们找来另一个朋友朱莉莉来给他们做“测评”。朱莉莉几年前自己在深圳开了家小公司，她从小就是个八面玲珑的人，人际关系处理得如鱼得水，在“玩手段”方面，是名副其实的老手。

谁知道，听完他俩的叙述，朱莉莉竟然鄙视地说：“你们两个还是勤劳致富吧，你们做不了坏人。”

陈亮和李伟异口同声说：“为什么啊!”

朱莉莉给他们列举了几大理由：

“首先，做‘坏人’得脸皮厚，你们俩口口声声说要当坏人，其实底线还是有的，真正的坏事，你们做不了。再来，你们之所以想当坏人，是想和小人斗。赢了小人，你们就更小人；输给小人，你们连小人都不如，何必呢？最后，也是最重要的，我们不能做对不起自己的事情，就算事后可以弥补，也抹不去自己犯下的污点。”

朱莉莉的一番话，如醍醐灌顶。

她说得对，陈亮和李伟作出那样的决定，只是一时冲动，从来没想过自己真的成了“坏人”会怎么样，到时候，他们真的能为自己的行为负责吗?

尽管如此，他们还是有些不安：“那怎么办？难道要眼睁睁看着自己继续受欺负?”

“不想被人欺负，唯一的办法就是让自己强大起来。让自己变得独一无二，让自己拥有别人抢不走的东西。他能抢走你的客户，但是抢不走你拉客户的能力。你不断让自己的能力提升，客户的忠诚度也会越来越高，到那时，你的客户就不会被小人的一两句谗言骗走了，老板也会维护你，那些小人，再也不敢打你的主意。”朱莉莉说。

这便是我至今所听到过的赚取财富的最好的方法。虽然事隔10年有余，但这件事情依然是我经常在课堂上向学员们分享的实例。

身处黑暗时，如果我们自己也变“黑”，那么我们只会被黑暗侵蚀。但如果我们将自己变成一缕阳光，那么不仅能在黑暗中搏出一片光亮，还能在人群中凸显自己的特殊价值。

心若向阳，无惧悲伤。我们真的没有必要因为别人的道德缺失而修改自己良知和道德的底线。小偷可以偷富翁的钱，却偷不走富翁挣钱的能力。对待这个世界的不择手段，最好的办法就是让自己变得强大，让自己拥有别人抢不走的东西，这样才可以保护我们自己所该获取的东西。

黄老师的幸福之道

对于这个世界的不择手段，我们不必因为别人的道德缺失而妄图去寻找一条获得财富的捷径。最好的赚取财富的方法就是让自己拥有别人抢不走的东西，让自己变得强大。

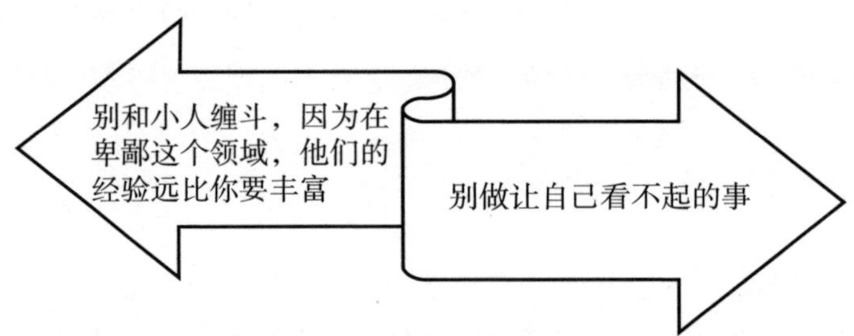

（1）别和小人缠斗，因为在卑鄙这个领域，他们的经验远比你要丰富

对于自己不擅长的事，你做起来不可能顺手。而你的对手——小人，在卑鄙这个领域里，已经有着丰富的经验，他们可以凭着“没有底线”轻而易举地打败你。而在这个过程中，你失去的东西远比你想象的要多。

（2）别做让自己看不起的事

比起别人的伤害，更可怕的是被自己看不起。底线和道德，只要跨越了一次，以后就很难保证不会再次迈过去。

幸福智慧

《大学》里说：“德者本也，财者末也。”提升修为，增长德行才是做人之本，财富只是德行的枝叶与花果，也可以说是修行中的副产品。人生有两种财富，一种是内财，指的是修养、人品；另一种是外财，也就是我们常说的物质财富。然而，别人偷不走、抢不走的才是真正的财富，是真正能留给后代子孙的“不动产”。

05. 你越吝啬，就越一无所有

看过《威尼斯商人》这本书的人，相信都不会忘记莎士比亚笔下夏洛克这个彻头彻尾的吝啬鬼形象。生活中，也有这样“割一磅肉”的吝啬鬼吗？我想也许是没有的，不过，小气的人倒是不少。节俭值得鼓励与提倡，但千万不要吝啬。如果形成了非常吝啬的生活方式，那你的幸福也会受到金钱的拖累。

赵春丽生活十分节俭，可谓到了吝啬的地步。她是一家大型企业的职员，工作认真，老板十分赏识她，薪水在朋友中也是数一数二的。但是她总是舍不得花钱，她不舍得给自己买衣服，不舍得买化妆品，也从不下馆子吃饭。账户里的钱越来越多，可赵春丽的生活越来越单调，她舍不得出去旅行，舍不得看电影，也从不参加同事的聚会。长此以往，身边的朋友都渐渐离她远去了。

节俭确实是一种美德，但是如果像赵春丽一样，总是不舍得花钱，生活还有什么乐趣？我们努力地赚钱，不就是想让自己生活得更好一点吗，这样苛刻自己，是不是和我们的初心相违背呢？因此，过于吝啬，就让生活失去了它原本的色彩。毕竟，大家都不喜欢“吝啬鬼”。

说到这里，可能会有读者问：刚刚你还跟我们说不要浪费，现在又说不要太吝啬，我们究竟该如何？有没有具体的标准？

我的答案是没有。

每个人的收入、消费观、人生观都不一样，怎么制定标准呢？我想我们应该遵循这样一个原则，那就是：适度消费。既要做到节俭，又不降低自己的生活水平，保证生活质量。

在这方面，我的妻子就可以给大家做个良性示范。我的妻子收入很不错，生活也很节俭，可是生活质量却并未受到影响，她是怎么做到的呢？

妻子有两个生活原则：

第一，该花的钱绝不省，把性价比放在首位。

第二，花最少的钱做最多的事，不浪费每一分钱。

一般的女性，发了薪水一定会去商场购物消费，妻子不一样，她会先计算好这个月的大致开销，然后把剩下的钱存到银行。把这个月的收支计划做好之后，坚决按照计划执行，做到不乱花一分钱。

妻子不仅不是一个吝啬的人，还是个有生活品位的人。她从不乱买衣服，但是她的衣服都非常合身，而且还是不错的品牌。她从不拒绝聚会，在朋友们和我的眼里，她是一个非常讲究生活品质的人，然而，她的花销一点都不多。

在我的眼里，妻子不仅是个非常值得大家在财富面前借鉴的案例，还是个非常聪明的女性。因为她懂得怎样生活，懂得怎样支配自己的收入。

看到这里，可能又有读者会说“我还是不懂，我周围也有不少这样的人啊，怎么他们不像你妻子那样鱼和熊掌兼得呢？”

在这里，我想多说一句。妻子之所以能以最低的成本过高品质的生活，和她的精打细算是分不开的。同时，她还非常重视精神生活，从不跟人攀比。正因为如此，她的生活看起来非常有品位。

因此，吝啬和奢侈一样，都是坏习惯，它们会使你的生活失去色彩，剥夺你生活当中的幸福。

黄老师的幸福之道

我一直提倡的幸福之道是俭省，但我从不鼓励过度俭省。过度俭省就成了吝啬，它不仅不会让你的财富增长，反而会让你一无所有。在这里，我要告诉读者的是人生有三件事不可俭省，这三件事是：

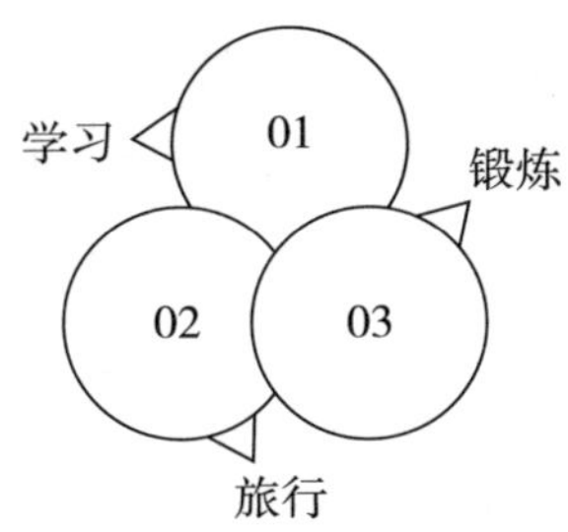

（1）学习

活到老学到老，学无止境。但是，学习是需要付出成本的，就算是拜至圣先师孔老夫子为师，也要交干肉作为学费呢。学习和一般的买卖还不一样。一般的买卖明码标价，你知道你买了什么，能用多久。但是学习不一样，你不知道最后的效果是什么样子的，学习成效不仅取决于老师的能力，还要自己主观配合。这种情况，有点儿像“赌石”，谁都不敢为学习的结果打包票，你只能先投入。

（2）旅行

读万卷书，行万里路。我们不能改变人生的长度，却能拓展它的宽度，旅行就是最好的途径。旅行是需要金钱做支撑的，这笔钱，不能省。旅行对人的影响是潜移默化的。有人认为旅游不就是照照相、买买纪念品吗？这种想法太消极了。旅行让我们的灵魂得到升华，体验当地的风土人情，跳出原本的生活圈子，感受世界的美好。

（3）锻炼

身体是革命的本钱，想要实现前两件事，必须得有一个强健的体魄。我们的祖先，为了生存，不停地奔跑狩猎，终于一步步走向食物链的顶端。

幸福智慧

《道德经》里说："天长地久，天地所以能长且久者，以其不自生，故能长生。是以圣人后其身而身先，外其身而身存。非以其无私邪？故能成其私。"天地之所以能够长久，是因为它的一切运作都不为自己，所以能够长久。因此，圣人处处谦虚、退让，反而能够赢得爱戴；事事依道而行且尽心尽力，不计较利害得失，反而身受其益。这是因为他无私，结果反而成就了他自己。

第8章 幸福的生活基于良好的人际关系

——珍视友爱，分享幸福

幸福的生活基于良好的人际关系。尊重他人、改变自己“不合群”的性格、帮助他人、珍惜朋友、遵守道德……这样可以帮我们远离各种纷争，远离因不和谐人际关系而造成的不幸福。

01. 良好的人际关系的核心——宽容

前几年，我的团队曾经录用过一个22岁的女孩做我的助理，这个女孩刚大学毕业，没有任何工作经验。所以，当她到办公室做我的助理之后，常常会犯一些低级错误。比如，写的培训稿总是有错别字；干事情总是丢三落四；等等。

我心里很不高兴，我认为，她做的事情都是极其简单的事，只要细心就可以避免错误的发生，但是她总是会把事情搞砸。

我因此经常严厉地批评她，但更令我感到烦恼的是，她似乎并没有在错误中吸取任何经验。每次挨完批评几天之后，她依然还是会犯同样的错误，我的批评对她毫无作用。

在这样的循环中，她的工作一直是大错不犯，小错不断，这也导致她每次看到我都很害怕，有时为了不遇见我，故意躲着我。

一天，她又把培训PPT上的字打错了。我看到以后，非常恼火，准备把她叫过来，狠狠地批评一顿。在我正准备打开门的一瞬间，我突然冷静下来对自己说："等一下，你对她的要求是不是太严格了，她毕竟还没什么工作经验，你怎么能要求她做到完美呢？"

进行一番自我反思之后，我开始以一种宽容的心态看待她。一个小时后，我叫来女孩，没有批评她，而是冷静地对她说："毕竟你刚参加工作，也没有任何工作经验，能做到现在的水平已经相当不错了。想想我自己，那时的我可能还没有你这样能干呢。所以呢，以一个过来人的身份，我想给你几条建议，你愿意接受吗？"

不再受到批评的她喜出望外，她认真地听取了我的建议。从那以后，她的工作有了明显的进步，再也没有犯过同样的错误。

我想说，宽容待人是人际关系和谐的真谛。不肯原谅别人就是不肯给自己留有余地，须知我们每个人都有犯错而需被原谅的时候。所以，拥有一颗宽容的心，既是原谅了别人，也是善待了我们自己。

良好的人际关系的核心就是宽容。我们是否有和谐的人际关系，就体现在我们是否有容人之心。完美的人和事在这个世界上是不存在的，过分苛刻只会让自己的生活越来越狭隘。如果对方犯的错误无伤大雅，就不要小题大做。宽容不仅表现在容人之错，还表现在能够接纳别人的优点，不嫉妒。当我们做到这两点，就会发现，不仅自己心胸宽广了，人生也变得更加幸福了。

亲爱的读者们，你们一定有过这样的经历：当你看到有人搞砸一件干起来并不困难的事情时，你一定想冲上去，把这个人狠狠地骂一顿。没错，做错了事是该批评，但是，你要是为了批评而批评，就会让双方都受到伤害。我觉得，这时候我们不妨先深呼吸，然后想想。假如对方只是犯了一个小错误，提醒一下就可以了；假如真的是很严重的错误，也要注意自己说话的语气。

曾经有个学员向我讲述了发生在他身上的事情，有一次他出门见客户，把文件包忘在公共汽车上了。他马上给公交公司打电话，急急忙忙托朋友帮忙找，还是杳无音信。那个文件包里有一份非常重要的合同，还有一个公司的印章。当他回到公司时，已经做好了被上司骂的心理准备。但是上司并没有暴跳如雷，反而对他说："没关系，合同可以再打印一份，印章可以挂失补办，别着急。"

听完他的故事，我非常替他开心，因为他遇到了一个懂得宽容的好上司。

这位上司在面对员工犯错的时候，没有大发雷霆，而是选择原谅员工的错误，让员工十分感激。经历过这件事，我想他的员工在今后的工作中一定会吸取这次教训，谨小慎微，认真对待每一份工作。

说到这里，很多人可能会不服气地说："黄老师，你让我们宽容，那不就是在容忍对方的缺点和不足，让自己受委屈吗？"

事实并不是这样。宽容的人一般心胸开阔，不会为生活中一些鸡毛蒜皮的事操心，古语有云：“爱人者，人恒爱之；敬人者，人恒敬之。”说的就是这个道理。

什么叫宽容，就是用平常心对待不平常的事情，只要自己平静了，温暖了别人，才能温暖自己。

黄老师的幸福之道

在日常生活中，人与人之间难免会有一些小摩擦。我们不妨用宽容的心态面对这些小摩擦。包容别人，其实就是幸福自己。

01 原谅别人的冒犯

02 换位思考去理解别人

04 把握好尺度

03 做一个有爱心的人

（1）原谅别人的冒犯

假如有人曾经无意中伤害了你，但所幸对你造成的影响不是太严重，不妨原谅他。不要用别人的错误惩罚自己。

（2）换位思考去理解别人

站在对方的角度对待问题，你会发现，其实很多事情都是作茧自缚。

（3）做一个有爱心的人

爱心是宽容的基础，做一个有爱的人，用爱来化解误会与仇恨。

（4）把握好尺度

最重要的一点，宽容并不是自己委屈。逆来顺受、一味地退步不是宽容，是懦弱。当他人触及自己的底线时，该反击的一定要用力反击，但是要把握好尺度。

幸福智慧

林则徐说："海纳百川，有容乃大。"大海因宽广可以容纳千百条河流，人因心胸宽广而能包容众人，这是一个人有修养的表现。《左传》里讲道："敬，德之聚也。能敬必有德。"心胸宽大的人必常怀敬人之心，因此也得众人的尊敬和爱戴。

02. 幸福的人际交往第一准则：尊重他人

在现实中，很多人都记不住那些与自己接触少的人的名字，当彼此再次接触的时候，自己难免尴尬，对方难免不快。而我却很少忘记他人的名字。我认为，记住他人的名字是获得他人好感的最简单方法。

一天，我去一个企业给员工做"幸福之道"的培训，这个企业我以前去过一次。在课堂上，我看到不少新学员和为数不多的十几个老学员。在讲课的过程中，我发现一位坐在角落里的学员，一直默不作声，脸上带着深深的伤感。

于是，我走过去，对她说道："×××，好久不见了，你原来是那么活泼，今天这是怎么了？"

当时，这位学员激动得不知如何是好，她根本想不到，仅与她见过一次面的我会记住她这个仅被介绍过一次的人。

我培训过的学员人数连我自己也数不清，但我却花很多时间去记住每位曾经见过的人的名字，即使是只见过一次面的学员，我也能准确叫出他的名字。

在日常工作中，能记住别人的名字并正确地叫出来，能使对方强烈地感受到我对他的尊重，从而愿意与我交往谈心。

在前面的章节，讲过著名心理学家亚伯拉罕·马斯洛五种不同层次的本能需要。其中，“尊重需求”是仅次于“自我实现需求”的高层次需求。他认为：我们每个人在人际交往中都想得到他人的尊重。

我认为“尊重”是人的本性，它包括以下两个内容：

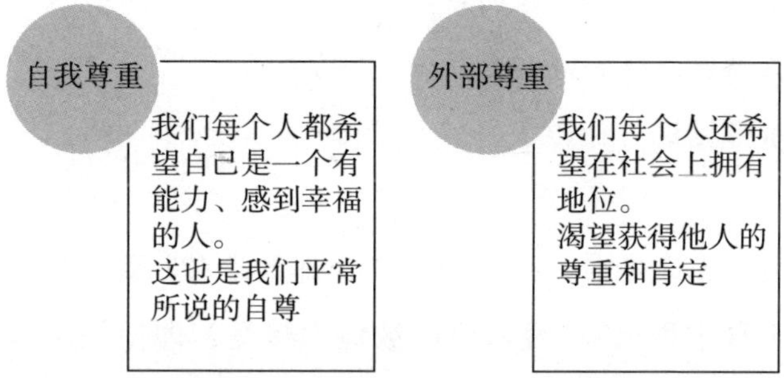

自我尊重

我们每个人都希望自己是一个有能力、感到幸福的人。
这也是我们平常所说的自尊

外部尊重

我们每个人还希望在社会上拥有地位。
渴望获得他人的尊重和肯定

通过尊重的两个内容，我们知道，在人际交往的过程中，尊重别人是获得别人尊重的前提条件。我们每个人要想获得别人的尊重，必须先尊重别人。

同时，在人际交往中，平等待人是尊重的基本内容。

维多利亚女王和阿尔倍托的琴瑟合鸣一直是人们津津乐道的事情。然而，我在一些资料上看到他们之间曾经有过这样一段小插曲。

一天晚上，维多利亚女王在皇宫忙着接见客人，冷落了在一旁等待她的丈夫阿尔倍托。阿尔倍托非常生气，决定回卧室。待维多利亚女王忙完，才想起已经有好长时间没有见到丈夫了。于是，她去卧室敲门。

阿尔倍托非常冷静地问道：“谁？”

维多利亚女王昂然答道：“我是女王。”

阿尔倍托没有把门打开。

维多利亚女王再次敲门，阿尔倍托又问：“谁？”

女王和气地说：“维多利亚。”

阿尔倍托仍然没有把门打开。

这时，维多利亚女王有些生气了，心想自己身为女王，他竟然敢不开门。于是，她准备转身离开。刚走了几步，她冷静了下来，仔细想了想，又回到卧室门口，重新敲门。

阿尔倍托仍然冷静地问："谁？"

女王委婉而温和地回答说："你的妻子。"

阿尔倍托把门打开了。

由此可见，无论是谁，在不同的场合都要学会归到不同的角色，同时都必须遵循"尊重需求"，否则很难被他人接受，即使是维多利亚女王也不例外。

尊重他人，是幸福人际交往的第一准则。一个懂得尊重他人的人才会赢得大家的尊敬和信任。满足外部自尊需求的同时，也满足内部自尊需求，进而，向着更高层次的"自我实现需求"出发，去实现人生的最大价值。

黄老师的幸福之道

尊重是赢得别人好感的最单纯、最直接、最重要的方法。

可是，人与人之间的差异是客观存在的，尊重他人，做起来没有说起来那么简单。因此，我们必须掌握一些平等待人的心理技巧。

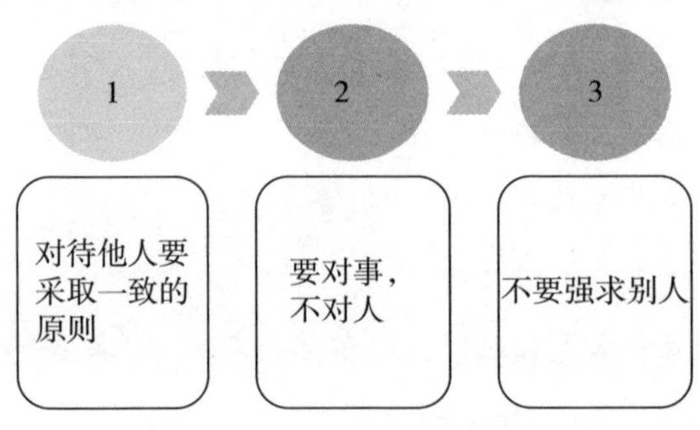

（1）对待他人要采取一致的原则

无论对方的出身如何、是否富有、职务高低，我们都要平等对待，要本着尊重、真诚的原则与之交往。有的人对待无权无势、生活贫苦的人冷漠至极，对待有地位、有财富、有权势的人却唯命是从，这是一种没有修养的表现。

（2）要对事，不对人

我们应该从事情的本身出发。别人事情做得好，要给予肯定；别人事情做错了，要给予指导和帮助。

（3）不要强求别人

真正地尊重他人，是充分地尊重对方的意愿，把对方放在和自己同等的位置上，不要将自己的意愿强加给别人，也不强迫别人。

幸福智慧

尊重他人才是真正的尊重自己，《论语》教导我们："君子不重则不威，学则不固。主忠信，无友不如己者，过则勿惮改。"君子举止不庄重，就没有威严，态度不庄重，学习的知识就无法巩固。做人主要讲究忠诚守信。不要看不起任何一个人，不要心高气傲，认为别人都不如自己。与人相交，各有所长，不因其人而废其言，不因其言而废其人，自己有过错要诚心悔改，自尊自重，这就是真学问。

03. 能带来幸福的人际交往模式

每当我培训一些企业的学员，他们都会问我"黄老师，您有没有一个切实有效的人际交往模式？我们只要按照这个模式做下去，就会收获幸福的人际关系。"

说实话，我没有。

但作为一名幸福之道的研究讲师，我决定努力去寻找这样一个能带来幸福的人际交往模式。

为此我查阅了相关的心理学书籍，心理学家指出：在与人交往的过程中，自我价值始终是第一位的，每个人都会本能地保护自我价值。这种保护有两种具体的表现形式，我们一起来看一下。

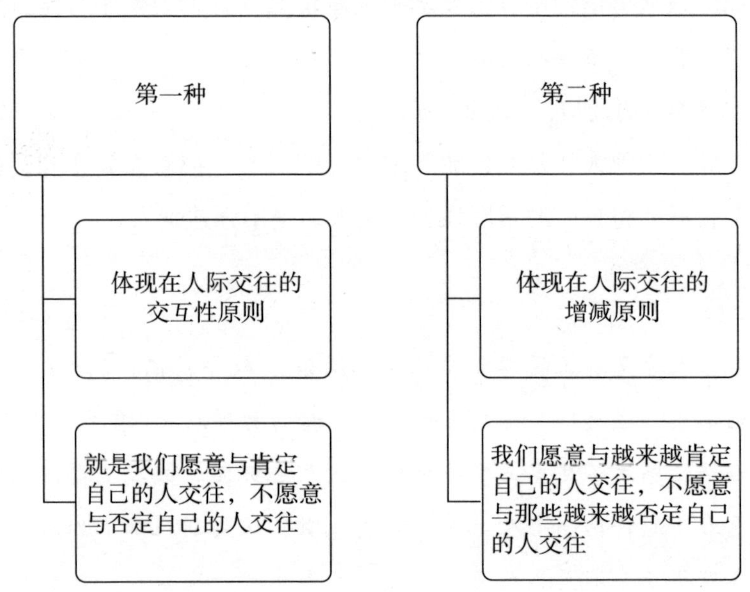

当他人对我们从肯定变为否定时，我们的自我价值就受到了威胁，这时候，出于人的一种本能，我们会极力地维护自我价值。这时，通常会采取拒绝对方、否定对方的方式来维护自我价值。

所以，我们如果想要赢得对方的喜欢，让对方愿意与我们交往，除了要给对方一种“我喜欢你”的态度，还要让对方感觉我们越来越喜欢他。

在现实生活中，我经常会发现这样一种现象：有的人为了赢得对方的喜欢，会不断地赞美对方，向对方传递“我很喜欢你”。可是，一段时间后，由于已经获得对方一定的好感，于是，赞美的次数慢慢减少，给对方一种“我越来越不喜欢你”的感觉，从而激发了对方的自我保护，使彼此的关系陷入困境之中。

这种“增减原则”，给处在人际交往中的我们，带来了三点非常重要的启示。

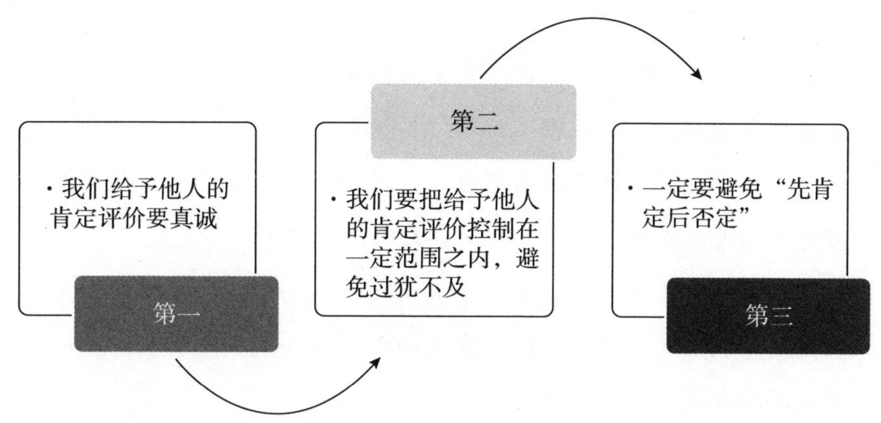

在人际交往中，我们要学会先否定，然后肯定，有意识地以逐渐递增的方式向对方传递你对他的好感。只有这样，我们才能更有效、更长久地赢得他人的好感。

黄老师的幸福之道

把握好“增减原则”，有意识地向对方传递我们对他越来越喜欢的态度，这就是能带来幸福的人际交往模式。

关于如何做到这一点，下面三个方法值得你试试：

（1）把肯定对方的基线放低

在与人交往时，我们不要刚一见面就给予对方过多的肯定，应该把肯定对方的基线放低一些，这样才能让后面的肯定评价有递增的空间。

（2）先从无伤自尊的小缺点说起

在否定别人的时候，我们可以先从无伤自尊的小缺点说起，然后再给予对方真诚、肯定的评价。

（3）留下一点悬念和空间

人际交往是一个漫长的过程，我们不要一开始就把自己所有的底细全部兜出来，留下一点悬念和空间，更有利于彼此加深交往。

幸福智慧

《论语》："君子尊贤而容众，嘉善而矜不能。我之大贤与，于人何所不容？我之不贤与，人将拒我，如之何其拒人也？"

既尊重贤能者，也包容接纳普通人；对于乐善好施的人给予鼓励和嘉奖，对能力不足的人给予指导和帮助，此乃君子所为。

人际关系中出现问题时，当"行有不得，反求诸己"：如果我是十分贤良的人，那我对别人有什么不能容纳的呢？我如果不够贤良，别人自然拒绝我，又怎么谈得上能拒绝别人呢？

04. 请不要孤立地活着：改变"不合群"的性格

在现实中，我发现很多人人际关系不好的原因并非与他人的难相处有关，而是由自己"不合群"的性格带来的。那些"不合群"的人在群体活动中，都不愿意参与进去，不介入也不表达，使人很难接近。或者是在交往的时候不看交往的对象、场合，言行随意，令人感到不近人情。

有着"不合群"性格的人很难与团队融为一体，很少能得到别人的帮助，他们几乎永远都是孤军作战，这种寂寞让他们感觉不到幸福。

我给深圳一个大型企业做培训时，碰到过这样一个女孩。她是这家企业的策划人员，工作能力很强，但她是一个十分孤僻的人，不太爱说话，也从不主动与同事们亲近或合作。有时一个项目必须要求两个或者几个人去合作，即便是公司要求她与其他同事合作完成，她也只是埋头苦干，只管自己去做，不管别人的想法。她认为两个人去完成一项工作，就是在耽误时间。

尽管具有较强的工作能力，但是当她独自策划的项目被否定的时候，她会异常失落，产生极大的孤独感。

看到她经常一个人辛苦地埋头苦干，上司也一再让她多与合作伙伴讨论一下，多汲取一些别人的策划思想与策略。但她不以为然，总认为自己能够把一个项目做好，而最终却不一定能做好。

其实，她内心也愿意与同事进行交流合作，但是，长时间的封闭状态，使得她根本不了解周围同事的心理与性格，说起话来总是会情不自禁地只从自己的角度出发，让周围的同事们极为反感，人际关系很不和谐。

她觉得自己已经完全被同事们隔离了，真正成为了一个寂寞的人，没有人愿意与她合作，更没有人愿意与她亲近。面对巨大的工作压力，她经常把自己搞得身心疲惫，毫无幸福可言。

在现代社会，我们很多的工作和事情都需要与他人相互配合才能完成。但是，不善于与人沟通和交流的人就不善于与人合作，他们在工作和生活中也不能够合理地利用别人的资源优势，因此完成相同的事情，付出的努力与承受的压力要比周围的人大得多，自然也就感觉到身心俱疲。

通过观察“不合群”的人，我发现，他们中有一部分人从小性格就比较孤僻，在家庭中沟通比较少，没有真正学会与他人交流的艺术。在生活中，他们总是希望别人能够主动接近自己，却不会主动与别人进行交流。时间一长，周围的人就会觉得这个人“不爱说话”，也会逐渐地放弃与其交往，这时候，他们的心理压力自然就会增大，常常感觉到寂寞。

其实，许多不善于与人交往的人也想与人进行和谐的交往，但是长期的封闭状态使他们惧怕与人交往，这样就使得他们陷入了进退两难的尴尬境地。另外，他们的内心十分敏感，防范力过强，时间长了便没有人愿意与其交往，这也是他们感到寂寞的重要原因之一。

所以，有着“不合群”性格的人，需要努力改变自己的性格，这样才能拥有和谐的人际关系，让寂寞远离自己。

黄老师的幸福之道

改变自己“不合群”的性格，主动去接近其他人，不仅可以让你周围的环境变得轻松愉快，也会让你身边的人感受到你的真诚，拥有幸福的人际关系。关于如何改变“不合群”的性格，这里有三个方法。

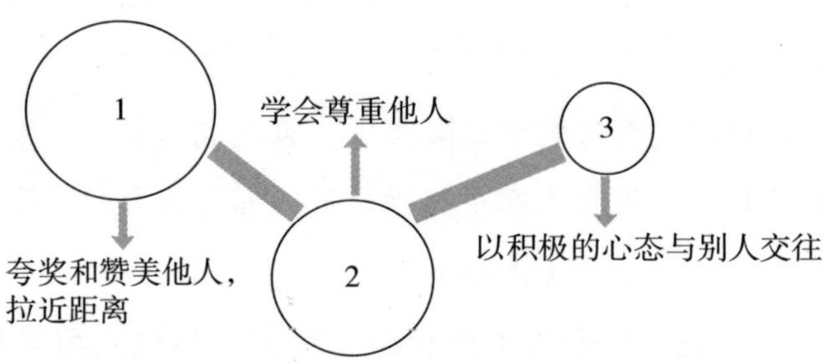

（1）夸奖和赞美他人，拉近距离

与他人交往，千万要注意肯定和认同对方，尤其是多多赞美和夸奖对方。赞美和夸奖不等于奉承，真诚的赞美和夸奖能让双方产生共鸣，使别人更愿意与你亲近。另外，真诚的赞美他人能够体现出你在人际交往中落落大方的行事风格，也能让周围更多的人愿意接近你。

（2）学会尊重他人

要想与他人拉近距离，首先要学会尊重他人，能主动为他人考虑，顾及他人的感受，这样才能得到他人的认同与接纳。在与他人合作中，有不同的意见完全可以主动地用委婉的语气去表达，这样既可以体现出良好的修养，又可以让别人乐于接纳你的意见与建议。你能够主动去尊重他人，他们又何尝会怠慢你呢？

（3）以积极的心态与别人交往

要知道，任何人都不可替代你与其他人进行交往，只要以积极的心态面对一切，面对你周围的人，慢慢地学着去改变自己，终会赢得大家的认同。

如果你能主动向别人问好，别人也会给你回应，所以尽量不要寄希望于别人主动与你交往，这一点十分重要。

幸福智慧

《论语》司马牛忧曰："人皆有兄弟，我独亡。"子夏曰："商闻之矣：'死生有命，富贵在天。'君子敬而无失，与人恭而有礼，四海之内，皆兄弟也。君子何患乎无兄弟也？"司马牛有一个哥哥，但由于他哥哥"犯上作乱"，所以他并不承认桓魋是他的哥哥，这与儒家一贯倡导的"悌"的观念又是相违背的，所以他很忧愁"别人都有兄弟，唯独我没有。"子夏劝他说："我听说过：生死有命，富贵在天。君子只要做事情严肃认真，不出差错，对人恭敬而合乎于礼的规定，就会赢得天下人的称赞，做到了，天下人也都是自己的兄弟了。君子何愁没有兄弟呢？"

05. 施与他人，帮助他人，储存一份助己之力

作为一位传统文化的受益者，我一直秉承弘扬中华传统文化的使命，也一直以扶贫和教育相结合的理念，与慈善会一起长期为贫困地区服务。我不止一次在课堂上对学员们说："给予和接受是一件事情的两个方面，当我们帮助别人时，我们也在帮助自己。"

在给学生们上课的时候，我总是不忘教导大家要懂得施与，因为积极向他人伸出援手的那一刻，我们会享受到施与的快乐，并且因此而储存一份助己之力。怀揣着这助人之心，在步入社会以后往往表现得更为热情、更善于交际，总能结交到友好的朋友，从而使自己的职业生涯更加顺风顺水。

向他人伸出援手，并不一定是帮别人多么大的忙，也不一定需要耗费自己多大的精力，很多时候都是举手之劳，然而就是这举手之劳却可能让我们收获一份人心。

我在一些西方心理学的书籍里查阅到，当人在接受他人帮助后，往往会产生亏欠的心理，在这种心理的驱使下，往往会采取更加合作、友好的态度与之交往。同时也更愿意给予帮助过自己的人帮助。也就是说，施与和帮助是建立好人缘的有效途径，并且能让这种人际关系成为我们人生的有力支持。

不知道大家看过《围城》这本书没有，我在看了这本书后，出于对作者的喜爱，查阅了钱钟书先生的相关资料，知道了一段关于他的故事。

钱钟书先生一生中最落魄的日子莫过于困居上海孤岛写《围城》的时候。那时，由于入不敷出，不得不把保姆辞退了，由夫人杨绛亲自操持家务。虽然为了生活，钱钟书的写作动机带有商业性，但他每天500字的精工细作，仍跟不上商业性的写作速度。

后来，全靠黄佐临导演上演了他妻子的四幕喜剧《称心如意》和五幕喜剧《弄假成真》，并及时支付了酬金，才使他们尽快渡过了难关。

多年后，钱钟书的《围城》开拍，由于当年的人情，黄佐临导演之女黄蜀芹才独得钱钟书亲允，被选为《围城》的导演。

黄佐临多年前施与他人帮助的行为为自己建立起了牢固的人际关系，间接帮助女儿的事业打开了全新的局面。如果没有当年的一份施与，这珍贵的人脉也就不存在了。

也许，有的人会说："怎么就能肯定对方一定会还你的人情？这年头，秋后不认账的人太多了。"

是的，对方会不会还人情是个未知数，但可以肯定的是，你不做人情储蓄，肯定一无所得。况且即使对方没有任何表示，你也会为自己赢得施恩不图报、德行好的美名。如果你周围的人都在说你人好，你的路还会不好走吗？

当然，有的时候，人们不愿意施与是因为彼此之间有利益冲突，担心自己替对方做了不利于自己的事情。其实，不管怎样，人与人之间的交往多点施与和帮助，多点人情味儿都不是坏事。即使彼此不交心，也一定要在适当的情况下伸出你的援手，毕竟在成功的道路上我们需要与他人合作。

如果你一直以冷漠的态度对待他人，他人又怎么愿意与你合作，在你需要的时候帮助你呢？所以，在他人需要帮助的时候，别吝啬你的援手，共同营造互相帮助的交际氛围是一种双赢的选择。

正如一句俗话所说："没有用不着的人。"尽管我们不能抱着这种比较功利的态度去帮助别人，但事实上这的确能够让我们在需要帮助的时候找到一个乐于帮助我们的人，为自己建立起真正有用的、能够给予我们人生有力支持的人脉。

黄老师的幸福之道

施与他人、帮助他人，也是一种对自己的施与与帮助。渐渐地，你会看到它所带来的神奇效果——你会拥有更多可靠的、愿意和你患难与共的挚友。同时，施与他人、帮助他人，别人得到快乐，我们也得到了快乐，这或许是世界上最容易实现的双赢模式。

关于如何施与和帮助，事实上，对别人的施与和帮助并不需要我们有多大的付出，很多时候可能只是一声赞许、一次鼓励、一句应和、一声回答、一个提醒、一次搀扶……这些看似微不足道的付出，给对方的是爱，我们得到的也同样是爱，而且还可能是更多的爱。

幸福智慧

《论语》里说："己欲立而立人，己欲达而达人。"自己想要建功立业，立足于不败之地，首先要设法帮助别人，予人方便，让别人也能建功立业。在自己谋求生存与发展的同时，也要帮助他人生存与发展，即爱出则爱返，自己的愿望才能更容易达成；自己要事事行得通，也要设法让别人事事顺意。不能只为了满足自己的欲望而忽视了他人的存在，更不能以牺牲他人的利益为代价来谋求自己的生存与发展。

第9章

生活没那么累，幸福没那么贵

——激情生活，长久幸福

对于生活，现在人们感慨最多的便是“累”。我们这么努力地生活，到底有什么意义呢？其实，生活并没有什么大道理可讲，过日子无非就是一种心情。我们胸怀激情和热情去生活，去努力，那么即使忙一点，苦一点，也不会觉得累。从现在开始，满怀激情去生活，之后你将会惊奇地发现：生活原来没那么累，幸福其实也没那么贵。

01. 幸福生活的心理前提——接受负面情绪

对于生活中那些客观存在的缺憾，与其纠结、反复地打击它，不如先去认识、理解它，然后再制订方法更好地改变它。

在现实生活中，不可能没有缺憾。各种各样的负面情绪是客观存在的，无论我们采取何种措施也无法将之完全杜绝。有很多人排斥失败、挫折，抗拒孤独、寂寞，殊不知正是在这种排斥和抗拒的心理中，我们陷入了纠结，丧失了自我的幸福感。

我的一个同学，26 岁顺利考取了研究生，研究生毕业后学校邀请她留校任教，生活对于她来说就是一片坦途，没有经历一点风浪。

许多年后，她步入了中年，每日穿梭在单位与家庭之间，令她心力交瘁。那个精力四溢、充满活力的女孩已经消失得无影无踪了，取而代之的是劳碌无为，自认平庸的中年女性。

由于对自己不满意，加上长年累月的抱怨，她的身体状况极其不好，吃药、打针、输液竟然成了常事。她时常会对我抱怨："我过得真累啊，为什么幸福那么早就离开了我?"

她之所以感觉自己不幸福是因为她不肯面对现实，不愿意接受现在这个不完美的自己。她内心对年轻的自己印象深刻，岁月的流逝是她不愿意接受的残缺，逐渐衰老也是她不能承受的事实。

她过得真的不幸福吗？她有一份体面的工作，拥有一个美满的家庭，难道这不是真正的幸福吗？其实，每个人在每个时期都会有不同的烦恼。

年轻时可能会面对缺少恋人的孤单和事业无成的落寞；中年时要面对青春渐去的遗憾并担负起沉重的家庭责任；等到老年，终于不用为生活奔波了，但很可能会因身体、精力大不如前，或者儿女不在身旁而备感孤单。

面对这些缺憾和烦恼的时候，大多数人都是像我的同学一样为了烦恼而烦恼，而不对其做更深一层的心理处理——接受负面情绪。

所谓“接受负面情绪”并不是听天由命，而是理性地认识到烦恼和缺憾的存在是必然的，在此基础上，确定烦恼和缺憾是否可以改变，以及以什么样的频率、什么样的方式来进行这些积极的改变，从而充分地发挥出自己的幸福潜能。

生活中，虽然许多人一直在努力地改变，积极地追求着幸福，却不能接受缓慢的改变速度，甚至敦促、逼迫自己在短时间内变得完美，从而让幸福离自己越来越远。

我的一个学员，是一位职场新人。有一天，他非常痛苦地找到我，对我说：“黄老师，我希望自己能够做到最好，然而这种愿望越是强烈，我的失望就越大。我好痛苦，我想辞去这份工作。”

通过对他进行一番心理调适，终于让他接受了这些“不尽如人意”的客观事实。他觉得自己所面临的这种情况完全是可以改变的，当自己足够好了，那么自己肯定可以心想事成。为了在最短的时间内完成积极的自我改变，我为他制订了四项一定要做到的规定：

- 不许怀疑自己，要充分相信自己的能力。
- 不许轻易放弃，每件事情都必须付出百分之百的努力。
- 不许情绪失控。
- 不许对同事或上司有妒忌或轻视的心理，要理性地向他们学习。

就这样，这名学员开始积极地进行自我改变。第一天，他做到了；第二天，觉得这些规定真让他痛苦……一周后，他陷入了更大的崩溃和自我怀疑中。

显然，他并不是一个消极的人，但他却无法用正能量的心理为自己带来幸福。原因在于他针对那些自己可以改变的事所做的规划是不合理、不切实际的，他太追求完美、太好高骛远了。而以这样的方式和心理来接受生活中的不如意实在算不上是“接受负面情绪”。

总的来说，面对生活中那些让我们不幸福的现实，只有保持既接受又稳步改变的方式，我们才能充分调动自己的心理潜能，拥有更多的幸福。

黄老师的幸福之道

“接受负面情绪”也是一大幸福之道。我们在追求幸福的道路上放松自己，闭起眼睛，深呼吸，让自己的各种负面情绪倾泻而出，然后去体验它们、接受它们、逐步地改变它们。

其实，我已经拥有一些方法去控制自己的焦虑情绪，虽然这些方法都不能够达到立竿见影的效果，但只要我们持之以恒地加以运用，就能够慢慢地改善自己的焦虑状态。

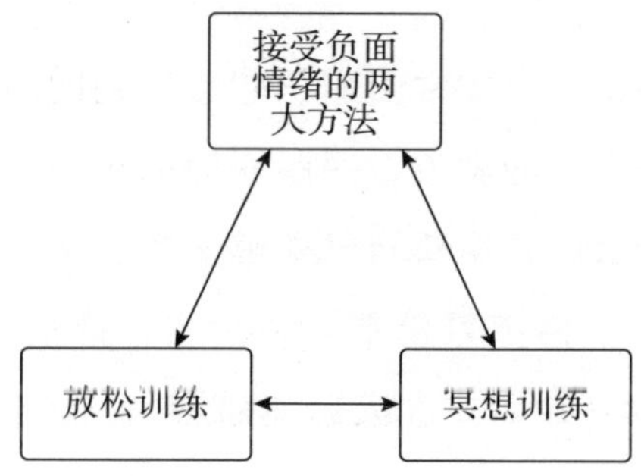

（1）放松训练

这个方法要求我们每天进行训练，最好是一天进行两次。首先，我们应该试着闭上眼睛，绷紧全身的肌肉，然后，再慢慢地放松，直到肌肉完全松弛下来。多数情况下，放松训练会给我们一个积极的反馈，这个反馈是与我们焦虑情绪相对抗的。

在进行放松训练时，我们可以默默地问自己以下三个问题。

- 我是为什么而焦虑的？
- 我是怎样判断令我焦虑的事情的？
- 这件事情真的有那么糟糕吗？

经过思考后，你可能会发觉，事情并没有想象中那么糟糕，你之前的焦虑情绪完全没必要。完成放松训练之后，你的心情就会慢慢平复了。而如果要减少自己焦虑的情绪，则应持之以恒地进行训练，万万不可半途而废。

（2）冥想训练

我们只需运用一些简单的冥想方法，就能够达到不错的效果。冥想并非是博大精深的，它可以融入我们的生活中。而在这里，我们只需把它作为一种消除焦虑的方法就够了。

首先，找一处安静、舒适的地方，以最放松的姿势坐下，保持上身直挺，闭上眼睛，将注意力集中于自己的胸腔部位，然后慢慢地深呼吸三次。

其次，想象自己在一个非常美丽、非常广阔的地方，可以是你梦想的地方。比如，一片宁静的湖泊，一座安静的小岛，或者是你理想中的伊甸园。默默地提醒自己，希望自己能够平静、快乐地生活。可以对自己说："正如所有的生命都希望平安和幸福，希望永远远离痛苦一样，我也愿自己能够宁静、幸福，永远远离痛苦。"让自己体会到这个世界充满平安和爱。

感觉心底最深的愿望，可以默默地重复一些话："生活很美""我很平安"，并仔细体会句子的深意。

轻松地进行这项训练，当出现走神的情况时，只需将注意力拉回来即可。对你的焦虑情绪表示关爱，就如同它是你亲密无间的朋友。你的安抚，会让它更加温柔，它的棱角便会慢慢地变平，然后逐渐消失。

幸福智慧

《左传》里说：“人谁无过？过而能改，善莫大焉。”一般人是很难做到像圣贤人一样才德超群，有过错也是难免的，有过错能改正，没有比这更好的了。每个人自呱呱降生人世起到停止呼吸、合眼离开尘世一刻为止，差异只在于犯错的多少、大小和如何对待自己所犯的过错，却没人能说自己“终生无过”。《论语》中提到“小人之过也必文”指小人对所犯过错一定是通过掩饰、狡辩来掩盖是非。而孔子的学生子贡说：“君子之过也，如日月之食焉：过也，人皆见之；更也，人皆仰之。”君子也会有过错，而且其过错可能如同日食和月食一样人人可见，但改正了一样会得到众人的敬佩和尊重。说明君子与小人对待所犯过错的态度截然不同，其影响也不同。

02. 如果注定拼不过一些人，你还会继续奋斗吗

我有一个发小，他的父母都是普通的工薪阶层，他长了一张普通的脸，毕业于一所普通的院校。在如今这个看脸的社会，没背景，没家底的他，靠着自己的勤劳和努力，愣是从月薪3000元涨到了月薪30000元，从一个普通的职员升职为经理。如果把他比喻成股票，那他是当之无愧的一只潜力加绩优股。

按道理说，发小取得这样的成绩，已经非常优秀了，周围的人夸奖他也很正常。但是，每当有人夸他有出息，他都为难地笑笑，说：“还差得远呢。”于是，大家对他更刮目相看了。

其实，作为他的朋友，我知道，他那句“差得远”，意义深远。他之所以这么说，除了上进，更重要的是他身边有一群特殊的人在提醒他：自

己拥有的还不够。

发小在参加工作的第二年，自己的账户里总算有些存款了，他想买辆车代步，每天挤地铁上下班实在是太痛苦了。刚在微信群里问了一句："我要买车了，你们有什么推荐的？"马上就有回复了，一个说奔驰，一个说奥迪，吵得热火朝天，其实发小的话还没说完："预算在10万元以内。"出主意的两人是发小的大学同学，跟发小不同的是，他们俩含着金汤匙出生，是如假包换的富二代。虽然他们无话不说，但是始终有条无形的沟壑横亘在他们之间。

发小人正直、善良，所以人缘非常好，朋友里不少都是家庭条件十分优越的。上学的时候，差距无非就是暑假人家去国外潇洒，自己只能去趟郊区；人家脚上穿的是耐克阿迪，自己穿的是百货商场的打折过季款。这并没有什么，但是步入社会后，彼此之间的差距已经不是脚上穿什么鞋这么简单了。

发小曾经跟我算了一笔乐观的账：就算我从22岁毕业到65岁退休，43年不换工作，不被炒鱿鱼，不欠债，每个月都挣30000元，并且一辈子不吃不喝，一共可以挣1500万元。听起来特有钱吧，但是对我那些朋友来说，不过只是一套别墅罢了。最重要的是，他们拥有的并不仅仅是钱，他们从小受的教育，家庭氛围，待人处世的角度，珍贵的人脉，都是家庭给他们的隐形资产。

算完账，发小显得特别失落。就好像大家一起参加赛跑，他已经蓄势待发，但人家已经在终点了，怎么追赶都没用。"如果我奋斗一生，还不如人家一套房子，这样的生活有意义吗？"看着发小无奈的眼神，我不知该如何回答他这个问题。

并不止发小有这样的经历，我们大部分人都在这种比较中渐渐迷失自我。几年前，有这样一篇叫《我奋斗了18年，才能和你坐在一起喝咖啡》的文章风靡一时。这篇文章讲的是一个来自农村的孩子用了18年的时间，才有了和城里人差不多的生活水平。

有的人看完暗自庆幸，庆幸自己没有出生在生活困难的农村；有的人为他的遭遇抱不平；有的人则因为有相似的经历而惺惺相惜。不论是什么立场，起码在18年后，主人公心愿得偿，算是给了众人一个皆大欢喜的结局。

如果，一开始就有人跟我们说：你注定拼不过富二代，你还会继续奋斗吗？

我不知道发小会怎么回答，但同样的问题，我问了问我大学同学小芹，听完我的问题后，她沉默了一会儿，给我讲了她的故事，算是她的答案吧。

小芹的家庭背景，比发小更为普通。她的爸爸妈妈在她很小的时候就离婚了，她跟着爸爸生活，妈妈又组建了新的家庭。爸爸虽然疼爱她，但是收入并不高，就连学费都要找亲戚朋友借。他们觉得，等小芹大学毕业参加了工作，情况就好转了。但是天不遂人愿，小芹毕业那年，爷爷的逝世，给这个原本就不完整的家，带来了更大的困难。

接下来就是电视剧里会出现的情节：对这家人堪比天高的房价，去世的老人，相依为命的父女俩，刻薄的亲戚。在爷爷去世后的几个月里，小芹看着昔日亲近的亲人反目，对自己和爸爸冷嘲热讽。终于有一天，“亲戚”们把父女俩的东西扔了出去。小芹再也忍不住了，冲上去想同那些人理论，但是被爸爸拦住了，爸爸说：“给我们一些时间，等我们找到房子就搬出去。”

那些人终于走了，嘴里还不忘挤兑几句，围观的群众也散去，小芹和爸爸开始收拾东西。那瞬间，同学想起了《乱世佳人》中的一个情节，饥饿的斯嘉丽在家乡田地中费力挖出一株萝卜，连泥土都来不及去掉就塞入嘴中，吃了几口就哭了起来，然后起身向天发誓，一定不能再过这样的生活。

小芹不断在脑海里回放那一幕，她看着憔悴的父亲，暗暗发誓，一定要出人头地。

后来，小芹努力工作，每天加班到半夜，用尽浑身力气让自己强大起来，每当她想放弃的时候，想起亲戚们刻薄的嘴脸，想起父亲卑微的哀求，她就浑身充满斗志。

终于，她有了一点存款，付了房子首付，简单装修了一下，带着爸爸离开了租住的房子，住进了新家。那天，她带着父亲在亲戚们惊讶的眼光里离开了。小芹站在新房的卫生间里，偷偷地哭了，多年的委屈，终于一扫而光。

小芹说："我从来没有想着去和谁比，所有的努力只是为了可以像现在这样，理直气壮地让那些欺负我们的人闭嘴，让自己和父亲活得更有尊严。"

小芹的回答给了我们一个提醒，一个启迪，一个让我们重新审视奋斗意义的角度。

我们之所以奋斗，并不是为了成功给谁看，也不是一定要成为最出色的那个，更不是为了自己的孩子成为富二代。

我不想说奋斗者和富二代谁的人生更有意义，但我可以明确地告诉你：当一个人感到脚下的路越来越宽的时候，才有机会发现，活在这个世界上，原来是件如此美好的事情。

黄老师的幸福之道

如果我们注定拼不过富二代，我们就不去奋斗了吗？当然不是！我们之所以奋斗，是对我们自己的人生负责，让自己有更多的选择，当我们面对这个社会的不公平时，我们有底气反抗。奋斗带给我们的，是不断拓展的世界和随之越发宽广的人生格局。

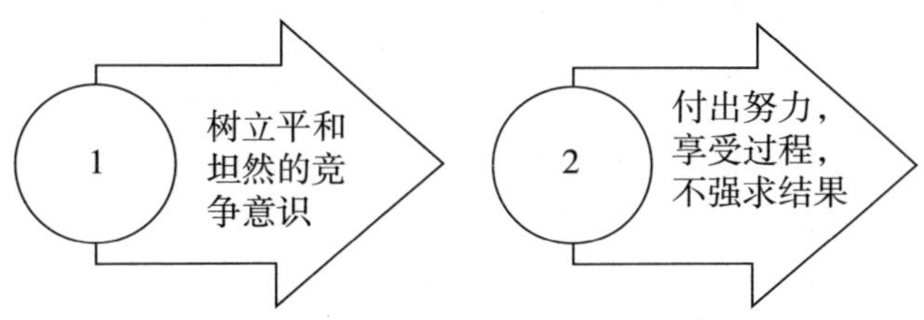

（1）树立平和坦然的竞争意识

当他人比我们幸运，出身比我们好时，我们不要紧盯着别人的命运怨天尤人，而是要通过自身努力，学习他人身上的长处，继而激起昂扬的斗志，投入到工作或生活中去。人生的幸福在于成就自己，而不是去嫉妒别人的幸运。

（2）付出努力，享受过程，不强求结果

事实上，只要我们付出了努力，方向也是正确的，那么最后得到的结果就是一个必然的结果——水到渠成。我们接受了，我们的努力就没有白费，即使它可能并不是我们想要的结果。

幸福智慧

王阳明语：“我以落第动心为耻。”1496 年，王阳明在会试中再度名落孙山。有人在发榜现场未见到自己的名字而号啕大哭，王阳明却无动于衷。大家以为他是伤心过度，于是都来安慰他。王阳明脸上掠过一丝沧桑的笑，说：“你们都以落第为耻，我却以落第动心为耻。”人生中会遇到很多的艰难困苦，越是在这种时候越能体现人的心性修养。平常人往往慌乱悲戚，唯有修养深厚者能做到泰然处之。文天祥说：时穷节乃现。如何才能拥有这种自觉和修养呢？王阳明还有一句话，道出了所有：人须在事上磨，方能立得住；方能静亦定，动亦定。艰难困苦，正是对心性的最好磨砺。

03. 幸福和成功究竟有何种关系

在我们大多数人看来，成功必然与含辛茹苦、卧薪尝胆等词语密切相关。因此，为了能够取得成功，很多人都非常自律，甚至对自己有些苛刻。他们不允许自己偷懒、懈怠，即使是偶尔的，也不允许自己表露情绪，即使内心已经非常压抑……

对于这样的情况，我想说，这些认识走入了一个误区，这个误区叫作“苦难造就英雄与成功”。然而，这样做的人或许已经发现，这种做法不仅为难自己，而且效果似乎也并不太好。

但事实上，“幸福与成功相对立”的观点是整个社会对幸福的一种误解，是一种错误的幸福认知。

从“幸福之道”的角度来看，每一个人都有一定的潜力，当我们幸福的时候，潜力往往会被充分地发挥出来。关于这一点，心理学家的研究结论是：当我们的内心充满快乐和幸福感的时候，身体就会释放出一种叫“多巴胺”的神经化学物质，它能够激活大脑的学习中心，大幅提高学习能力，让我们像一块干燥的海绵一样吸收知识。

如果你对我的这个观点有质疑的话，不妨想象一下这样一个场景：快考试了，但是我们丝毫没有复习，内心充满了焦虑，一面焦虑，一面临时抱佛脚。最后，如果幸运，我们是有可能通过考试的，但也有很多时候，无法通过考试。即使通过了考试，那些我们在焦虑状态下学习的知识往往在几天之后就忘得一干二净了，虽然我们知道那些知识有时候是非常有用的，并且可能关系到能否找到好工作、能否在工作中表现出色。

看，消极的心理状态并不利于我们成功。相反，如果我们能够以愉悦的心理状态去做事，效果就会好很多。

当孩子开心、高兴的时候，他们搭积木的速度比平时可以提高一倍；当我感到幸福的时候，我讲课时的激情比平时会高一倍……由此可见，对于成功来说，幸福是一个重要的因素。

事实上，在追求成功的道路上，幸福所起到的往往不只是促进作用，它更是成功的关键因素。

在追求成功的道路上，保持幸福是明智的。

黄老师的幸福之道

幸福与成功成正比吗？如果是这样，那为什么凡·高是在不幸中创作出了艺术经典呢？对此，我的答案是：激发不幸中的人有所成就的并非“不幸福”，而是“深沉”。在逆境中，人很容易产生消极心理，由于消极心理所带来的不快体验，人们下意识地想要制订出积极应对它的认知策略，而这势必需要开启大脑中更高级的功能区域，在这个功能区域的作用下，成就产生了。也就是说，让凡·高创作出艺术经典的不是“不幸福”，而是在逆境中追求幸福所激发出的深层心理力量。

幸福智慧

“大智若愚，大巧若拙。”表面上看起来很傻的人，不一定傻。“外智而内愚，实愚也；外愚而内智，大智也。”外表聪明的人，将精明表现于外，处事斤斤计较，炫耀张扬，给人威胁感而招人提防，结果聪明反被聪明误。凡大智者必有大成，真正的智者，都是乐观坦荡，明白大道理，对于身边琐事一目了然，表面却显得愚钝，不与人钩心斗角，不为小事所累，遇事着眼于大处，处世低调，为人豁达，做事有节而适度。

王阳明一生历经坎坷，遭廷杖、下诏狱、贬龙场、功高被忌、被诬谋反，可谓受尽了命运的折磨，放在平常人那里，估计早就郁闷死了，但是王阳明却在生活中一直保持着积极乐观的情绪，在龙场的时候，跟他去的随从都相继病倒，只有他自己安然如故。这是因为他始终保持了积极的情绪，乐观的心态，没有像其他人一样悲悲切切，抑郁哀愁。王阳明在逆境中保持了快乐的心境，修身治学，德业兼进，最终在龙场悟道，创立心学。

04. 胸怀激情的人会长出飞翔的翅膀

我于2009年开始深入研究心理学，自此，我与“幸福之道”结下了不解之缘，我的激情被“幸福之道”点燃了。随后，我一直随名师潜心研习，实践力行中华传统文化。虽然当时的我需要完成心理、行为、人文等内容的学习与研究，学业繁重，但我仍然充满激情地投入到“幸福之道”的研究中。

在很多人眼里，我这样的举动非常疯狂，因为这很可能会让我失去工作，陷入生活困境。然而，我不仅在“幸福之道”的研究领域取得了优异的成绩，而且在心理咨询上也积累了大量的实践经验。

我之所以能在“幸福之道”的研究上面有所建树，很大程度上是因为我的激情。我认为，只要一投身“幸福之道”的研究之中，仿佛整个世界就只剩下“那些与幸福有关”的事了，不觉疲累、不知时间流逝。

激情能够提高做事效率，能够让人更快速地成功。那些对生活充满热情、激情的人，即使其他方面暂时看起来不是那么出色，以后往往也能有所成就。成功者通常不会无精打采，无论是工作、生活，还是娱乐活动，他们总是充满了激情。

对于幸福来说，激情是至关重要的。那么，到底什么是激情呢？

从“幸福之道”的角度来说，激情是一种意识状态，能够鼓舞和激励一个人将心中的想法付诸实践，将手头上的事情做得更好；激情能够缓解人的身心疲惫，集中人的注意力，发掘人的潜能，活跃人的思维。

我曾经在一本韩国作者所写的书里看过一段描写激情的话，我感同身受。这段话是这样的：

> “如果缺少激情，那么，做任何事情都会像是在服苦役。但是，如果你胸怀激情，即使是世界上最辛苦的事情，你也可以从中找出乐趣。激情能够让人跨越年龄的鸿沟，青春常驻；激情可以让人激发潜能，拥有改变世界的力量；激情能够让人的精神和信念得以成长。”

在我们反反复复的日常生活和熟悉得不能再熟悉的职场中，我们的激情很容易被消磨殆尽。这时，我们应该想想自己当初澎湃的激情。

在追求幸福的道路上，胸怀激情的人会长出飞翔的翅膀；而缺乏激情的人常常处于一种懒懒散散的状态。因此，保持激情对每一位追求幸福的人来说都是必要的。

激情往往能够对我们的心理、工作效率、成功起到积极的作用。但值得注意的是，激情的表现方式很多：性格外向的人往往在短时间内就能让他人感受到自己内心的激情；而性格内向的人则倾向于用“坚守”的方式——数十年如一日地认真做同一份工作来诠释激情。所以，因人而异，不可一概而论。

黄老师的幸福之道

当我们从事自己喜爱的工作时往往会充满激情。然而，有时候即使是从事自己喜欢的工作，我们也很有可能出现不太情愿去做的时候。

比如，我就不止一次遇到过这样的状况。我喜欢研究“幸福之道”，对此充满了热情与激情，习惯在早上起床后备课或读一些关于心理学和国学的书籍。但我发现自己不止一次地不太想开始工作。幸而我找到了一套应对这种情况以重燃激情的方法。下面，就让我们一起来学习一下这些方法。

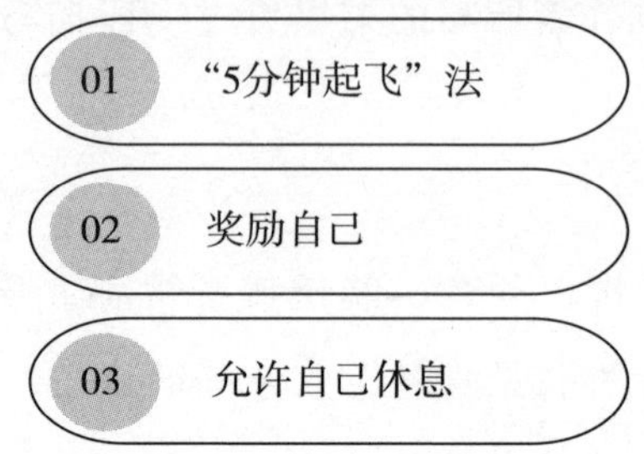

（1）"5 分钟起飞"法

大多数人在感觉内心缺乏激情的时候，经常采取的方法是暂时停下来，调整自己的心理状态。然而，这样做的效果并不好。我认为，这时，以行为上的改变来带动心理状态的改变是很不错的方法。

人的心理控制着行为，同样，行为也会反作用于心理。如果等到心理调节好，有激情以后再开始工作，那么人很可能总是懒懒散散的。相反，如果我们能够稍微"勉强"自己一下，在一开始的时候就强迫自己去行动，那么 5 分钟之后，我们往往就可以通过这样的行为找回激情。所以，战胜缺乏激情的最佳法宝是"5 分钟起飞"法——用行动点燃激情。

（2）奖励自己

人的努力、激情，在得不到奖励的情况下往往不容易维持下去，因此，当我们充满激情地完成了一个阶段的工作后，一定要给予自己一定的奖励，这样能够充分调动自己的积极性与主动性，让激情有效地继续下去。比如，我就常常奖励给自己一顿惬意的晚餐或者一个轻松无比的周末。而我们也可以在激情地工作之后给予自己奖励，一瓶饮料、一个微笑、一句自我赞美都可以。

（3）允许自己休息

人不是机器，无论是生理还是心理都需要休息。即使我们从事的是自己非常喜爱、有激情的工作，如果我们不能得到充分的休息，身心疲惫感太过严重，很容易引起心理上的抗拒，从而导致再也没有激情去工作。

我们应该允许自己偶尔偷点懒，遵从“需要休息”的天性，才能保持激情。另外，充分的休息可以提高我们的创造力、活力等，这也会让我们的激情得以提升。

幸福智慧

《黄帝内经》里说：“五脏六腑，心为之主”心是诸多脏器的领导，一身之君主，脏腑百骸，唯命是从，聪明智慧，都是由心所现。现实生活中人的言行举止都是内心的显化，都是心所主宰。内心纯净则行为端正，行为端正则愿望美好，愿望美好则动力十足，动力十足则能量饱满，能量饱满则精神百倍而满怀激情。

05. 总有一天，你会对生活的刁难说声谢谢

我有一个同窗室友，多年未曾见面后我们在一次同学聚会中重逢。当大家聊到工作的时候，他的脸立马变黑了，开始喋喋不休地述说着他的悲惨际遇。他的职业之路走得确实很坎坷，同级职位换了好几家公司，在如今的工作单位职位降了一级不说，他还坦言做得极不开心。

原来这位室友有一个刚满50岁的女上司，工作狂、严格挑剔、敏感唠叨、既重结果又重过程，工作出错了女上司说话就像“下刀子”，室友用“变态狂”来总结自己的女上司。一提起他这位上司，他的气不打一处来，满腹怨气，甚至不惜采用咒骂之词来宣泄愤怒。

听着听着，我知道室友气恼的原因了，原来有一次室友给上司订机票，不小心看错了日期，结果800多元的退票费上司不同意报销，还额外对室友罚款500元。室友说这张机票订错不能全怪他，因为上司自己前后更改了4次出行时间。

接着室友还列举了更多让他不满的事情，从对上司、对工作的抱怨继而延伸到对上司的人身攻击，最后他甚至开始发泄对家人的不满，话语中全是怨气和仇恨，让我们周围的人不寒而栗，空气变得压抑而紧张，很多人借故离开。

虽然我对室友的工作并不完全了解，也不知道他到底面临了怎样的不公平和不顺心，但是他如果整天以这种心态去工作，那他一定是不幸福的。讨厌工作、讨厌上司、讨厌同事，每天室友都有 8 个小时以上的时间在干着自己不喜欢的事情，他的人生注定充满悲剧。

幸福的人生都差不多，不幸的人生却各不同。人生不可能十全十美，完全称心如意，遇到不顺心、不如意的时候，不同的人会有不同的处理方式。

我家隔壁有一位大姐，50 多岁了，每天都笑语盈盈，活力满满，她的幸福感染了身边的每一个人。

然而多数人并不知道，这位大姐的爱人去世多年，她含辛茹苦养大了两个孩子。正当她可以稍做休息安享晚年的时候，女儿却被查出患有红斑狼疮，看着正处在豆蔻年华的女儿，大姐知道抱怨、哭诉都不能解决问题，用自己的力量撑起这个家，挽救患病的女儿才是她的任务。大姐更卖力地投入到工作中，每天忙完工作忙家里，在医院、家、工作单位三地来回奔波。

然而无论我在哪里看见大姐，她总是精神抖擞，喜笑颜开。谁也不知道大姐背后付出了多少，谁也不了解大姐正在经历些什么。

大姐告诉我，她会坦然面对生活中的一切苦难，她相信一切都会轮回，自己此生的辛苦或许可以换来子孙后代的幸福，再去看看那些比她更不幸的人，她觉得自己过得还不算最差。

命运无常，生活不可能总是一帆风顺，当我们运气差总是踩到雷区、当阴霾始终围绕着我们的时候，不妨以一颗平和的心去坦然接受它，我们可以在面对它的时候选择大哭或以其他方式减压，但是，仅此就好。

当我们心中积满怨气和仇恨，我们就像一颗定时炸弹，威胁性极强。一旦遇到一些小事，就可能引发矛盾，造成终身的遗憾。

当我们每天都在怨天尤人，感觉自己怀才不遇、遇人不淑，宛如公主下嫁、贵族落魄，抱着如此心态，做事自然不会尽心尽力。而怨念不散的人，在人际交往中也会先从恶念出发，会不由自主放大对方的缺陷，并贴上一个极端的标签。

对待命运的刁难，除了恨，我认为还有一种最好的方式，那就是把磨难当成财富，当成经验。

张爱玲曾经说过："生活是一袭华美的袍子，里面藏满了虱子。"当我们面对人生的风风雨雨时，不如少些怨恨，因为这些怨恨只会让我们在黑暗的区域待得更久。当你走出泥泞时，你会佩服曾经的自己，没有因为困难而停下前进的脚步。

黄老师的幸福之道

风雨中这点痛算什么，酸甜苦辣本就是人生的滋味。当你跌倒后爬起来，用实力和勇气去主宰自己的命运时，你一定会深鞠一躬，感谢那年那月，命运给你的所有刁难。

（1）正视自己，为自己准确地定位

世界是五彩斑斓的，我们每个人的角色定位都不相同，找准自己的位置，演好自己的角色。没有小角色，只有小演员，不抱怨，不辜负自己，在生活中演绎好自己的角色才是最美好的事情。

（2）远离抱怨的世界，接受现实

一味抱怨，你会失去发现美好的双眼，看不到美丽的风景，其实拨开迷雾，你会看到家人、朋友、社会，原来一切都是美好的。

（3）改变自我，发现全新的自己

拒绝做一只嘎嘎抱怨的鸭子，选择做一只飞翔的鹰，你会看到，发生改变的，不仅是你的心情，而是你自己的全部。

幸福智慧

《中庸》里说："故大德，必得其位，必得其禄，必得其名，必得其寿。"舜是个品德高尚的人。舜的父亲瞽叟却是个糊涂透顶的人。舜的生母早死了，后母很坏。后母生的弟弟名叫象，非常傲慢，瞽叟却很宠他。象为了争夺财产设计陷害舜。生活在这样一个家庭里，舜待父母依然很孝顺，对弟弟也疼爱有加。所以，大家认为舜是个德行好的人。尧帝听了挺高兴，决定对舜进行考察。他把自己的两个女儿娥皇、女英嫁给舜，还替舜筑了粮仓，分给他很多牛羊。舜的后母和弟弟见了，又是羡慕，又是妒忌，和瞽叟一起用计，几次三番想暗害舜。但聪明又孝顺的舜都能化险为夷，而且对父亲和弟弟毫无怨言。尧帝知道后，认为舜的确是个孝顺父母品德高尚又能干的人，就把首领的位置让给了舜。舜登天子位后，去看望父亲，仍然恭恭敬敬，并封弟弟象为诸侯。

第10章 把生命照看好，就是幸福最好的状态

——好好活着，享受幸福

每个人一辈子只能活一次，如何做才能不辜负这段生命的过程？当然是开开心心过好每一天，不枉我们到世间走这一遭。

01. 身体健康是一切幸福的基础

幸福安康是一个美好的祝福，寓意幸福、平安、健康同在，只有当三者同时存在的时候，我们才会得到长久的幸福。然而这样的情况是很难遇见的，比如我们问一个平安健康的人，你幸福吗？他一定不会觉得自己幸福，因为他有很多烦恼的事，比如工资没涨物价反而涨了，股票跌了房价却上涨了，孩子脾气变坏了成绩也糟透了，等等。当他有一天因为生病痛苦地躺在了病床上，他才会感觉到拥有健康的幸福和快乐。他一定会提醒自己，有健康就够了，其他的事情都是次要的。刚出病房的他一定会珍惜平常的生活和健康的身体，但时间久了，他又会回到过去的状态，将欲望的满足作为幸福的先决条件。

事实上，世界上有一样东西一生都跟随着我们，那就是我们的身体，我们的身体就是我们作为一个人存在于世界上的硬件装备，维护好它让它正常工作，它才有机会发挥出超凡的价值。

我经常在报纸、微博上看到类似这样的新闻：一个出身寒门的大学毕业生，因为从小穷怕了，他给自己设定了200万元的奋斗目标。30岁前，他每天都工作12个小时以上，频繁出差、饮食不规律、无休无止的应酬和谈判，他有些心力交瘁。在他30岁那年，他的个人财富终于超过了200万元，这在同龄人中是很罕见的。然而他却因为长期劳累和饮食不当，患上了胃癌。最后，他想倾其一生的财富去换回自己的健康，换回和家人的团聚，换回亲情和朋友，但是，一切都晚了。

人生最大的幸福是平安和健康。但真正将平安和健康视为幸福根本的人并不多，古往今来，人们或为名所惑，或为利所动，或为官位而奔波，或为爱情而苦恼。把名、利、禄、情视为人生的最高追求，却不知人生最大的财富是自身的健康。

曾经创办温州均瑶乳品公司的企业家王均瑶，用13年打造了一个商业帝国，然而他因工作过度劳累，再加上平时疏于对自己身体的管理，不幸患上了肠癌，英年早逝，年仅38岁。

王均瑶的离世，给很多为了生活“透支”身体的人们敲响了警钟。如此精明能干并正逢事业巅峰时期的人才溘然长逝，让多少人为之惋惜。在惋惜之余，这也给了我们不少警示。

一是勤检查、早发现、早治疗。很多病症都有一定的潜在期和发展期，在不同的阶段有不同的治疗方法。如果王均瑶很早就发现自己肠部不适，早点采取治疗和保养措施也不至于发展到无药可医。过去我们倡导那些鞠躬尽瘁、因公殉职、在工作岗位上累倒病倒的人。但如今这种观念已被摒弃，为了确保员工的身体健康，很多企业都推出了定期体检、营养菜谱、心理咨询、旅游度假、员工家访等关爱员工身心健康的福利措施。生命高于一切的理念已深入人心，每个人的一生都极其短暂，拥有健康的身体，才会让我们幸福地活着。

二是不要苛求完美。一件事情可以做到完美，但每件事都做到完美几乎是不可能的。如果我们时时以完美主义的思想来做事，凡事均要求无可挑剔，面面俱到，事无巨细，处处优秀，就等同于将一个超高的压力罐背到自己身上，终有一天，我们会被压垮。如果事业的成功是建立在牺牲身体健康的前提下，那样的财富不要也罢。因此，建议健康的人们应追求有度，珍爱生命。

三是繁忙的生活中，不要再自我施压。在给一个企业做培训时，我见到了不同类型的老板。给我印象最深的是一位朱姓老总，他55岁左右，头发花白，名牌大学毕业，现拥有一家年销售额过亿的企业。

在整个培训中，就数朱总最忙，不停地出去接打电话，技术部、工程部、采购部、财务部称得上部门总动员，向这位总经理请示汇报各项工作，他通过电话一一遥控、指点，培训结束了，他还得过来请求我给他加班，补讲学习内容。

我问他，你手下没有分管各项工作的副总吗？他说有是有，但他们办事他都不放心，总认为他们能力不够。

还有一位学员向总，虽然也是50多岁，可看着只有40岁的样子，非常有活力。他说自己每天只工作4小时，但这4个小时，他非常高效，以结果为导向，以严谨务实为准则，下属在这种压力中成长很快，各项工作有声有色。业余时间他会去打球、散步、会友、旅游等，同样的工作结果，但他明显要轻松很多。

不用说，向总的做法更值得我们提倡，工作和生活两不误。朱总是用透支自己的方法在工作，人的身体不是铁打的，做得了一时的拼命三郎，却撑不住常年的工作高压。

其实我们的身体是很脆弱的，就像汽车一样，就算我们起初的配置再好，但如果不定期保养、不及时维护，再好的车也会报废。更何况我们如果患病在身，就更要注意三分病七分养的道理。

身体健康了，一个人才会有精气神。有多少老板，身着一身名牌，开着豪车，然而面容枯槁、憔悴不堪，就像一盏快要燃尽的油灯，令人担忧。

如果我们购置了一部新车，我们总爱关心它的核心部件是否正常，定期维护是否到位，还不辞辛劳为爱车打蜡、美容，如此善待一部汽车却不关心自己的身体，难道身体不如汽车珍贵？

好的身体，不仅包含强健的体魄，还包含健康的精神。乐观、积极、愉快的内在可以给予我们一种快乐、幸福、向上的感觉。这种健康的精神力量，就像是一股电流，带给我们希望、勇气与生活动力。

如果我们从现在开始不仅保持健康的精神，而且打造强健的体魄，那么我们的身体不仅会非常健康，还会非常的年轻化，就像一辆刚跑完磨合期的汽车一样好用。

拥有好身体，是最大的幸福。人生拥有平安、健康，才能实现自己的梦想；人生拥有平安、健康，才能对未来充满希望。

黄老师的幸福之道

身体健康是一切幸福的基础，这是我的幸福之道最重要的原则之一。我们在平时的生活中，应该多注意身体，不要为了工作而使自己的健康陷入危机之中。

那么，我们应该怎么做才能拥有一个健康的身体呢？说实话，拥有健康的身体是一件非常简单而又不能完全做到的事情，但同时也是一件非常私人的事情。我没有一个确切的方法或者唯一的标准，只有你自己才能判断哪种锻炼方式是最好的，具体的方式也可以根据你的身体素质进行调整，因人而异。不过，这里有一些原则可供参考。

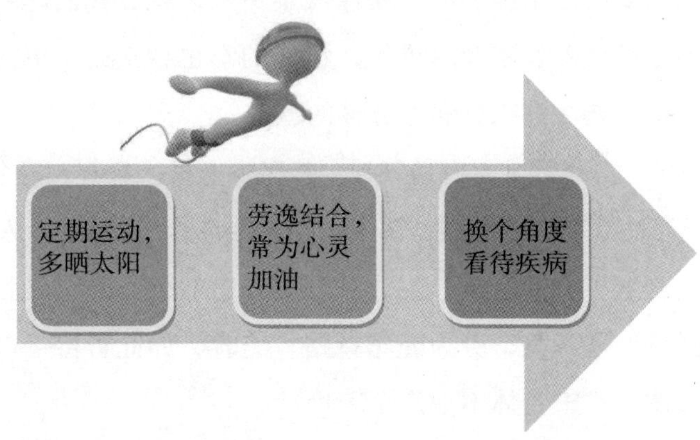

（1）定期运动，多晒太阳

户外运动出汗后可以使人体自动分泌出放松与快乐的激素。所以，平时在工作之余，多到户外去运动一下，可以缓解紧张的情绪，延长睡眠时间。

（2）劳逸结合，常为心灵加油

工作时要埋头苦干，勤勤恳恳；休息时也要“花枝招展”，到处游玩。

如果我们只会工作不会玩，时间长了就容易导致心灵枯竭。所以，在工作的时候要适时地进行合理的、健康的放松休息，常为心灵加油。

（3）换个角度看待疾病

饿了要吃饭，冷了要添衣，生病了要看医生，这是人的本能反应。很少有人会去想：我为什么生病？生病到底意味着什么？其实，疾病不仅仅是我们的敌人，让我们感到紧张、恐惧，同时它也是我们的朋友，它在告诫我们什么地方出了问题，哪些生活方式需要注意或改变了。疾病是身体的特有语言，某个部位发生问题时，会向我们发出一些信号，以示警醒。

幸福智慧

《书经》里说："一曰寿、二曰富、三曰康宁、四曰攸好德、五曰考终命。"这就是我们常讲的"五福临门"。第一福是"长寿"，第二福是"富贵"，第三福是"康宁"，第四福是"好德"，第五福是"善终"。"长寿"是命不夭折而且福寿绵长；"富贵"是钱财富足而且地位尊贵；"康宁"是身体健康而且心灵安宁；"好德"是生性仁善而且宽厚宁静；"善终"是能了解自己的生命，晚年安详自在，最后无疾而终。

人若无健康则一切都是妄谈，而健康的法则离不开"好德"。生性仁善、宽厚宁静是最好的福相。因为德是福的因，福是德的果，以此敦厚之"好德"加上规律的生活习惯，定使身心健康，方能培植其他四福使之不断增长。

02. 生命是上苍给予的最好礼物

在我人生最艰难的那段时间里，我阅读了大量的励志小说，其中我最喜欢的就是杰克·伦敦的小说《热爱生命》。这部曾经在欧美引起轰动，还受到列宁称赞的小说，以大无畏的浪漫冒险主义笔调，向读者传递了一种“要活下去”的坚定信念。

在小说中，杰克·伦敦以平静的口吻叙述了一个与死亡抗争的故事，故事情节惊心动魄。对于困境中的我来说，那本小说无疑是一面旗帜，给予我对抗困境的勇气和动力。所以，我决定好好活着，幸福地活着。

谁都曾经消沉过，谁都曾经低迷过，生命很脆弱，就好像在地震面前，健康的生命其实和病入膏肓的躯体一样不堪一击。那么，如果生命只剩下最后24小时，你打算做什么？你将如何面对？

相信不少人都曾经想到过这个问题。人生无常，没有预兆，没有理由，由不得我们准备，更不可能重来，所以这个问题的标准答案只有一个：既然上苍给予我们生命，那么我们就要珍惜生命，开心生活，即便生命只剩下最后24小时，也要笑对每一分、每一秒。

我看过一部日本电影，名字叫作《死神的精度》，这部影片深入探讨了活着和死亡的问题。在电影里，主人公对死神说：“因为你没有看到人如何活着，所以你不懂人生。活着没什么特别，但很重要。生命没什么特别，但很重要。就和太阳没有什么特别，但是非常重要是一样的道理。”

是的，我们每个人都不是最特别的那个，但是我们每个人对于自己，都是很重要很重要的。所以，既然我们拥有了生命，就要把自己很重要的人生过得很幸福，让我们的生命绽放出绚丽的花朵。

米奇·阿尔博姆是美国著名的作家和广播电视主持人，他的小说《你在天堂里遇见的五个人》在全球累计售出超过800万册。在大学毕业15年后的一天，米奇偶然得知大学里的恩师莫里教授罹患肌萎缩性侧索硬化，和当代最杰出的理论物理学家斯蒂芬·霍金的病情相似。这时，老教授所表现出的，不是对生命即将离去的恐惧，而是希望把自己许多年来思考的一些东西告诉更多的人。于是米奇·阿尔博姆每个星期二都要飞越700英里（1127千米）去老教授那里上课，于是便有了那本畅销世界的《相约星期二》。在14个星期里，他们聊到了关于人生的若干话题——事业、理想、求学、情感等。第4个星期二，他们聊到活着和死亡。

“一旦你学会了怎样去死，你也就学会了怎样去活。”莫里教授这样说，“意识到自己会死，并时刻做好准备，这样做会更有帮助，你活着的时候就会更珍惜生活。”这是《相约星期二》里最发人深思的一段话。没错，人总是要死的，但这不应该成为我们浑浑噩噩活在这个世上的理由。莫里教授每天醒来会先哀怨一下，为自己命运的可悲与疾病的痛苦而叹息，有时会落泪，偶尔还会大哭一场。之后，他会去想生活中美好的东西。

每个生命都是如此短暂，死亡的状态则很漫长。死亡是每个人的终点。我们明知道短暂的绚烂过后是无尽长夜，为何不尽情地享受阳光，挥霍色彩？至少目前看起来死掉以后是否还能快乐尚无定论，为了避免百年之后有所遗憾，那就在百年之内不遗余力地快乐吧。生命值得我们为之快乐，快乐是我们活着的依据。

关于生命，作家史铁生或许是最有发言权的。他体会到了太多的内心苦痛，他甚至一度灰心地想到过死亡。庆幸的是他撑了过来，写作让他找到了他的出口，从此他体会到了活着的珍贵。

每个人只能活一次，能活着已经是上苍给予我们最好的赏赐了，开开心心地活着，就是我们对上苍最好的回报。

黄老师的幸福之道

既然上苍送给我们生命，那么我们就要珍惜生命，开心生活，即便生命只剩下最后24小时，也要笑对每一分、每一秒。

在这里，我教给大家一个生命的黄金定律——减法哲学。生命的减法哲学，减去疲惫、减轻烦恼、减去心灵上的沉重负担、减去一些奢侈的欲望、减去没有价值的身外之物。化繁为简，使返璞归真的生活回到自己的生命里。

幸福智慧

《孝经》里说："天地之性，人为贵；人之行，莫大于孝，孝莫大于严父。"天地之间的万物生灵，都是一样得天地之气成形，禀天地之道成性，只有人最为尊贵，人的行为最重要的莫过于孝顺，在孝道之中，没有比敬重父母更重要的了。中国传统文化中常把父母比作天地与阴阳，父为天（阳），母为地（阴）。《黄帝内经·素问》："阴阳者，天地之道也，万物之纲纪，变化之父母，生杀之本始，神明之府也，治病必求于本。"为人者当孝顺父母、敬天爱人方能自在幸福。

03. 回归到简单、自在的生命本质

我们总是憧憬着这样一种生活：

在海滩边上有一幢属于自己的小木屋，周围郁郁葱葱、繁花点点，远处是一望无垠的大海。闲暇的时候打开收音机，躺在海滩上静静地晒着太阳，听着那优美的音乐。

虽然这样的生活看来很遥远，似乎是一种空想，但我们还是很希望有一天能过着这样的生活——摆脱来自社会的一切约束，回归到简单、自在的生命本质。

很多时候，我们之所以感到生活中的纷扰太多，不是因为世事太复杂，

自己缺乏对生活的构思，想得太简单，而是想得太多，“构思过度”了。

余秋雨先生曾经说过这样一段话：

“我们的历史太长、权谋太深、兵法太多、黑箱太大、内幕太厚、口舌太贪、眼光太杂、预计太险，因此，对一切都‘构思过度’。很多人的一生都在过度的构思中度过，为生活平添了许多破灭、纷乱和耗费。”

一日三餐，粗茶淡饭，日出而作，日落而息，如此，生活其实很简单，只是我们把它想得太复杂。我们没办法改变世界，但是可以把握自己，让自己不忘初心。如果你的心变得更加简单，你的生活、你的世界也就都会变得更加幸福。

陈思维什么都好，就是太耿直了，脑子不会转弯，说话直来直往，有时候，大家还觉得他有点儿“缺心眼儿”。

谁曾想，最不会做人的陈思维，却是他班上工作找的最好的人——一家跨国贸易公司的高级质检员。同学们不禁感叹“傻人有傻福”啊，十分羡慕他的好运。

然而，陈思维的“走运”，正是来自他那“缺心眼儿”、耿直的性格。

当时，那家公司面向社会进行公开招聘，优厚的待遇、舒适的工作环境吸引了大量的应聘者。经过层层选拔，一共有三名应聘者通过考核，陈思维就是其中之一，进入最后一轮面试。

在休息室，陈思维了解到，另外两人一位是海归博士，另一位则是有多年质检经验的同行。而自己一没学历，二没经验，觉得自己肯定没希望了，就当增加阅历了。

面试在总裁办公室进行，三个人依次进入办公室，陈思维排在最后。第一位应聘者十分自信，仿佛这份工作非他莫属。第二位应聘者面带微笑，总裁似乎对他十分满意。

轮到陈思维了，他一进门就发现总裁的领带松开了，脸上还有墨迹，作为一个公司的高管，这样的形象确实十分不雅。但是，这毕竟是面试场合，自己如果坦言，万一惹得总裁不快，自己就完全没机会了。

当总裁开始向陈思维提问时，他严肃地说："总裁先生，在我回答您的问题之前，我有一件小小的事情需要告诉您，您的领带松了，脸上还有点墨迹，这样对您的形象可能不太好，希望您整理一下。"总裁的表情稍微有点尴尬，但依然听完了陈思维的话。他平静地对陈思维说："好的，你可以走了，人事的同事会通知你结果。"

陈思维回来后，跟我们讲了他的面试经过，我们都深深地被他的耿直所折服，都埋怨他平时"缺心眼儿"就算了，在这种关头，怎么不稍微变通一下。陈思维自己也不抱希望了，便开始找其他的工作。谁知，几天后，他却接到了这家公司人事部的电话，通知他面试通过，一周后就能来上班了。

后来，在和总裁的一次聊天中，陈思维了解到，总裁之所以录用他，就是因为他的耿直简单。

总裁告诉他："你前面两个人都看到我脸上有墨迹，领带松了，可能是因为不敢'得罪'我这个总裁，都没说出来，虽然问题对答如流，工作经验侃侃而谈，但是为人太圆滑了，质检员这份工作要的就是较真儿，处世圆滑反而会坏事。"

直率认真的陈思维最终成为竞聘的胜利者。

做人也是这样，生活简单一点，只要是利他的，有什么想法就大胆说出来，用最简单、最直接的对方听得明白的方法解决问题。假如做事总是犹犹豫豫，畏首畏尾，很容易错失机会。

某位哲人说：“头脑清楚，讲求实际的人最简单，未来也一定属于简单思考的人。”四两也可拨千斤，有时候，长篇大论还不如一句成语言简意赅，有力量。我们的生活节奏太快了，企业对我们工作效率的要求也更严格。

高效的工作能力，在职场里十分有竞争力。把复杂的事情简单化，是提高效率的重要法则。遇到问题，化繁为简，抓住本质才能一针见血地解决问题。

梭罗曾说：“简单点儿，再简单点儿!”

让心灵归于平静，让状态回归轻松。

于是，我想起了海子那首诗：

从明天起，做一个幸福的人
喂马、劈柴，周游世界
……
我有一所房子，面朝大海，春暖花开
……

黄老师的幸福之道

我们可以为了自己的目标而不断奋斗，但是我们要量力而行，择精而担，追求目标要适可而止，一旦有朝一日我们所追求的目标成为难以摆脱的包袱，那我们就会整日被功名利禄所羁绊，难以自拔。所以，我们只有回到简单、自在的生命本质，简化自己的人生，才会丢掉沉重的包袱，享受生活的快乐，体会世间的温馨。

回到简单、自在的生命本质的方法很简单。比如我们可以读读书扩宽视野；听听音乐陶冶性情；练练书法增加素养；跳跳舞有益身心；放放风筝活动筋骨；打打球锻炼身体；养养花草怡心养性……

幸福智慧

《道德经》里说：大道至简。顺应宇宙规律，依道而行，让心回归本位，活在当下，做好自己分内的事，就是最大的事，也是最幸福的事。生活的洒脱在于内心的简约、宁静、平和，无须侃侃而谈空洞的大道理，这是历尽浮华后的一种觉醒，或者说是去除负担后的一种轻松，也可以理解为是面对人生的一种坦率和真挚，生命原可以简单地存在，迎接着光明，承担着灰暗，去掉那些刻意，听从内心朴素的召唤。

04. 如何找到生命的意义

很多人在年轻或刚参加工作时，都是有理想、有目标、有追求的。虽然未来的道路很漫长，但是有明确的方向，也有十足的动力。随着年岁的增长，当自己梦寐以求的东西陆续到手的时候，就会突然感觉前面的道路变得迷茫了，一下子不知道自己今后的工作和生活的目标是什么。

于是，只是机械地上班、下班、吃饭、和家人聊天，把自己搞得身心俱疲，最终却还是不明白究竟做这一切是为了什么，自己到底为何而活，甚至觉得自己的生命已经枯竭了。

如何才能重新找到生命的意义呢？针对这样的心理，我在研究幸福之道的时候，找到了一种方法可以帮助人们寻找和发现生命的意义。

这种方法可以让我们懂得“为何而活”，然后知道“如何活”，从此走上追求生命意义的人生道路，并从中体验到真正的人生幸福。我就是这种方法的最大受益者。

刚到深圳时，身上所带的为数不多的钱被小偷全部偷走了。于是，我找朋友借了100元钱。为了省点钱，在找到第一份工作后的半个月里，我每天就吃一包0.45元的福满多方便面。

在那段艰苦的岁月里，我独自一个人在深圳，行尸走肉般在漫长的、受尽折磨的日子中残喘。

那段时间里，我的心情极其低落，恨不得从深圳的某个天桥上跳下去才能解脱，但又心有不甘。就在这个时候，我找到了生命的意义。我之所以有今天对幸福之道的领悟，也是因为当时我已经开始努力思考和总结生命意义的框架。

当时，我除了每天去人才市场投简历外，没有地方可以让我容身。我在炎热的夏天穿着一套廉价的西装，汗流浃背，只为博得面试官一个好印象。当时，我认为自己除了生命之外，已经没有任何东西能失去了。那时候只有服从命运的安排。这样的生活又从另一个方面警示我：我要为自己找到一个特殊的理由生存下去。

在挨过那段艰苦的时期之后，我有了这样的认识：人在任何情况下，都能够发现生活的意义。

也许这个方法不能具体告诉我们如何去发现生命意义，但对什么是意义，怎么找到它，给出了一些指导和建议。

我认为活得有意义是人生活的基本动力，并具有以下4个特征：

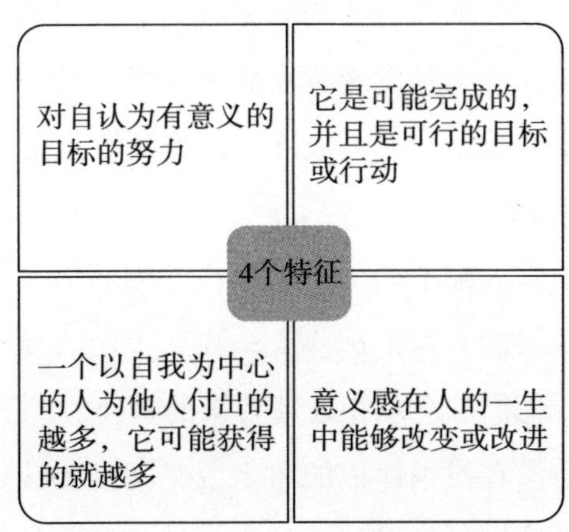

我们活着的每一天，每个人都会有不同的人生方向与目标。比如，一个公务员可能投身于救助和照看流浪动物的行动中，致力于把这个世界变得更美好；一个商人，可能在商业方面获得了巨大成功，心里却一直藏着成为一个艺术家的梦。

我们每个人都在用自己的方式，寻找着属于自己的人生意义。找到人生的意义是人生的一项巨大挑战，同时也是一种最大的满足。而这个意义就是在我们绝望之时，转变我们的观念，让我们找到属于自己的生活或生存的目标。

黄老师的幸福之道

我们不应该总去追问生命的意义是什么，而应当担负起生命所赋予的责任，在完成这一使命的过程中，生命的意义将逐渐地呈现。

关于如何找到生命的意义？我认为，它主要包括以下 3 个方面：

（1）如何看待自己的工作

我们从事什么工作并不重要，重要的是如何从事这项工作，对工作持有何种态度。只有积极的、有创造性的、有责任感的态度，才能赋予工作以意义。而对于很多人来说，工作已经成了填补他们空虚生活的手段。若以这样的态度对待工作，那么每个周末来临时，无目的、无意义的生活状态就会涌上心头。工作并不是发现生命意义的唯一途径，我们可以保持内心的自由，从困境中发掘出我们为战胜工作难题的存在意义。

（2）如何看待爱情

如今的社会，很多人都不相信爱的存在，因而回避一切爱的机会，将两性关系降到较低的层次。对于这些人，找到生命的意义可以引导他们学会并乐于接受爱，让他们学会承担爱情带来的责任。

对于一直单身，没有找到伴侣的人来说，就是要让他们明白，爱情的本质不是索取，而是通过付出得到一种幸福的体验。体验爱情的幸福，才是爱情的意义所在。

对于失恋者来说，是让他们懂得获得爱情不是占有对方，而是看着被爱的人幸福。

（3）如何看待生活苦难

当我们的生活遭遇苦难和不幸，我们就得到了一个实现生命最大意义和价值的机会。因为有这些苦难，我们才会成长。

幸福智慧

《庄子·天道》里说："与人和者，谓之人乐；与天和者，谓之天乐。"庄子认为快乐分两种，一种是人乐，也就是能均平万物，与众人保持和谐的关系，称作人乐；一种是天乐，就是那种超脱的乐，与天地相和谐、融通、感应的乐，承载天地雕刻众物之形而不住于心的乐，是虚无恬淡、怡然自得的乐，是无忧无虑的乐，是无声无形的乐，是达到极致的乐，又称至乐。所以，知天乐的人，他存在的时候顺乎自然，他死了便与外物融和。静时与阴气同隐寂，动时与阳气同波动；知天乐的人，没有天怨，没有人怪，没有东西牵累，没有天地责备。因此，真正的快乐与地位无关、与财富无关、与事业成功与否无关，这种快乐，并非物质或地位等因素所决定，而是取决于一个人的精神境界，只与我们的心有关。

05. 你只有奔跑，才能和生命中最幸福的际遇相逢

培训时，我经常会被人问这么一个问题："我希望自己可以获得成功，你说我需要多长时间才能获得这种幸福？"

每次，我都被问得如芒在背，搜肠刮肚半天，却回想不出自己是从什么时候开始慢慢学会运用幸福之道的。有时对方看我迟迟答不上来，还会

有些不悦，以为我是刻意保留，这可真是冤枉我了。我曾比任何人都希望能有这么一个具体的界限，这样我就不会在一次次摸索、推倒的过程中，几次险些对未来失去信心。

人们很喜欢为努力的程度限定一个具体标准，比如想做一名厉害的写手需要读多少书？临摹多少幅画才能自成一派，当上画家？挣得人生第一个一百万元大概需要多少年？数量也好，时间也罢，每个人都迫切地寻找着这样一条明确的分界线，好知道到底需要付出多少，就能得偿所愿。

记得我上大学那阵，为了备考英语四级，几乎人人都会去上补习班，其中最火爆的当属那种号称可以“7 天攻克四级听力”“一个月让你成功过关”之类有着明确时间标示的培训机构，那些张贴在布告栏上的数字格外猩红耀眼，却也格外让人心安，我们都很乐意相信只要自己加入其中，便能得到一个保证、一个承诺、一个自己只要埋头用功若干天就能将问题完美解决的方案。

尽管，最后的考试结果总会证明 7 天搞定听力或一个月变身应试小能手，其实就是个蹩脚的笑话，但这并不妨碍更多的人前仆后继，为那条具体的标准所蛊惑。

我们为什么固执地想要找到那条分界线？因为谁都不希望直到最后一刻才发现自己的努力没有意义。这个无意义，既有可能是夸父追日般穷尽一生只为一个遥不可及的目标，也有可能是用力过猛，所花的精力大大超出实际的需要。我们并非是因为懒惰而不愿付出，而是总也无法刨除自己对于结局的功利心，无法做到仅仅为了做好一件事，义无反顾地投身其中。

有一年，我在一家世界 500 强企业做培训，发现那几个月薪高得让人嫉妒的学员，在入行前竟然全是编程高手。他们此前从来没有计划过要把编程当作职业，却凭着那份热爱为自己打开了另一扇大门。

我微信上有一位专卖各种原创饰品的女孩。她在过去的五年里，对于那些珠珠串串有着近乎痴迷的喜爱，所有的业余时间几乎都用来做原创饰品。后来在朋友的建议下，她开始推销自己的作品，而今，兼职的收入已然超过了自己的主业。

这类事情见得越多，我就越来越坚信：我们总以为要先确定能获得什么样的结果，然后再去一步步努力接近，而事实上，结果才是最不该被关注的事。

对于结果的过分在意，往往会局限我们的目光，让我们仅仅看到那唯一的可能性，并由此忍不住计算着自己的付出程度。

我看过一部印度非常著名的佛教经典，叫作《薄伽梵歌》。书中记录了一位天神引导一位迷茫中的武士遵循内心声音的过程，其中一个场景让我记忆犹新。

在弓弦紧绷的战场边，武士为自己应该支持对战的哪一方而犹豫不决，他害怕选择的结果会让自己难以承受。

这时，天神悠悠地对他说了一句话："不要考虑结果，因为结果与你无关。"

武士顿时瞪大了眼睛："啊？"

天神继续说道："一个人如果只专注于成果，就会为了结果而不惜改变过程，绝不能为了获得奖励而去选择行动或不行动，着眼于自己可以做的事情就好。"

如果将天神的话翻译成现代语言，那就是："你只负责精彩，老天自有安排。"

忘记成败，忘记结局，别去管能在哪个转弯超越什么人，也别去管最后是否能捧得奖杯，你只需要奔跑，将全部力量集中于脚下，将全部的目光聚焦在前方，一步步无比坚定地跑下去。只有这样，你才能不被所谓的终点牵绊住脚步，得以和生命中最幸福的际遇相逢。

黄老师的幸福之道

对于将来，我们并非是因为懒惰而不愿付出，只不过，我们在试图遥望结果的时候，却忘记了一点：起点与终点之间的连接，往往并非是条一望到底的直行线，其中的轨迹变化总是出人意料。最终我们可以获得些什么，除非一直埋头走下去，否则永远无缘知道。

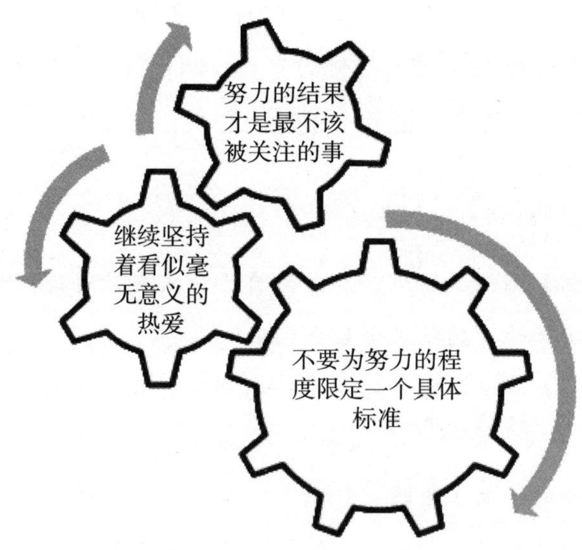

（1）不要为努力的程度限定一个具体标准

刨除我们对于结局的功利心，义无反顾地投身其中。

（2）继续坚持着看似毫无意义的热爱

不要在意对他人的种种看法，我们的那份热爱，将来会变成难得的机遇。越是不问结果的人，往往越能将事情做得卓越，越容易被机会所青睐。

（3）努力的结果才是最不该被关注的事

任何事情都不会只有一个结局，那些柳暗花明处的机会，只属于心无旁骛、凭着一腔热爱就敢往前冲的人，正是这种不计结果的傻气，才让生活充满了更多的可能性。

幸福智慧

《周易》里写道“劳谦君子，有终，吉”。陶行知先生留学归来，不图安逸，而将全部精力投入到大众教育中去，夸父逐日般追求理想，希绪弗斯推石上山般经营事业，劳碌了一生。他布衣草履，甘与平民为伍，并为他们服务，先生具备劳谦二德，成就了他的伟大幸福的人生。正所谓：“机会留给有准备的人”，唯有努力了才有可能抓住机遇，由于世事难料，故努力了不一定成功，不努力肯定不会成功。

06. 把时间花在美好的事情上，不叫浪费

一直以来，我的朋友们都认为我活得特别随性。我不用每天坐在办公室里，对着电脑处理堆成山的工作，不用每个月为了房租过着非常拮据的生活，我有足够的时间去做自己想做的事情，我觉得日子很幸福。

可是，如今，我每天都在重复着同样的事情，培训授课、分析学生提的问题、给出答案。

我以前觉得这种生活就是混日子“养老”，因为这样的生活没有一点挑战性。这里没有美景、没有阳光、没有音乐、没有梦想，只有眼前的苟且。

我朋友跟我说：“你知道吗，真羡慕你每天都这么忙，过得这么充实。”

我无奈地笑了笑：“等你跟我一样忙起来的时候，就不这么想了。”忙碌不代表生活充实，精神世界的丰富才是送给自己最好的礼物。

我以前把打游戏、看电影、旅行、逛街都定义为浪费时间，浪费青春，因为我觉得花钱做这些事情一点收获都没有。但是当我在工作中忙得喘不过气，我也特别想在家里情绪激昂地玩一下游戏，在电影院里看着喜剧片放肆大笑，背上背包说走就走……

话说回来，我们能真正享受的日子少之又少，能随心而过的日子寥寥无几，抛开年少懵懂、除去年老体衰，剩下的就只有三十几年的大好时光。并且，在这三十多年的大好时光里，还伴随着难过、绝望、愤怒、焦虑、失望等负面情绪，剩下开心的时间就更不多了。那些不值得自己去关注的事情，就没必要太放在心上了。

错过了太多的美景，走了太多的弯路，浪费了太多的时光。每一个当下都如金子般珍贵。那阵山间清爽的风，那缕古城温暖的光，那个志同道合的人以及每一个阳光灿烂的日子，都值得我们深深地烙印在记忆里。

曾经以为，每一件意料之外的事情，都是在浪费时间。这些突如其来的“意外”，分散了我的注意力，占用了我大量时间。实际上，执念太强，把过多的时间放在眼前的目标，忽略了身边美好的事物和珍惜的人，才是真正的浪费。

假如能够放弃那些故步自封的想法，放开那些执念，边走边看，边笑边闹，说不定，这条路的尽头，就有我们最伟大的梦想在等着。

我们都太注重形式了，我们觉得人生就像下棋，一步走错满盘皆输，所以我们每一步都走得谨小慎微。难道，生命里那么多出其不意的美好，还不如抵达终点时那一刹那的愉悦吗？

我们想过丰富的人生，但丰富的人生不应该只有努力的汗水和辛勤的劳动，还应该有美丽的风景，远方的期待和灿烂的笑容。那些让人快乐的时光，就像是一颗颗晶莹的钻石，让我们的人生闪闪发光。有过美好的回忆，有过过往，老之将至，也不惧前方。

真正的浪费，是一种对生活放纵的态度，没有目标，没有预期，没有对未来的向往。没日没夜地把美好的时光浪费在打游戏、酗酒、逛街花钱上。把这些时间拿来看书、种花、喝茶多好呢！和朋友爬爬山、去公园骑骑车、和爱人喝喝咖啡，把时间“浪费”在这些美好的事情上，生活会更有意义。

我们不是名人，或许这一生都不会太引人注目。但是我们应该趁着年轻、趁着有力气的时候把自己想做的事情尽力实现。千万别畏首畏尾，豁出去拼一把，潇洒走一回。我们从不抗拒梦想，也从不反对努力，在这个当口，那些美好的事情就犹如道路两边的鲜花，一路延伸，一路芳香。

黄老师的幸福之道

时间对于我们的重要性，不言而喻。但把时间花在美好的事情上，比如，种花、喝茶、和朋友聊天等，不叫浪费。真正的浪费，是一种对生活放纵的态度，没有目标，没有预期，没有对未来的向往。

下面，针对时间规划，教给大家两个技巧，希望能让你在不浪费时间的同时，做着美好的事情，感受到幸福。

（1）每天早晨用几分钟列出必须完成的事情

经过一整晚的休息，早晨是我们一天中精力最饱满的时刻，也是我们记忆力最佳的时刻。在正式开始工作之前，花上几分钟的时间想一想：我今天有哪些工作要做？有哪些事务需要处理？有哪些客户必须去拜访？那么我们一整天的工作就能有迹可循了。但光想一想还不够，我们需要把这些必须要完成的事件罗列下来。罗列出一整天必须要完成的事情，遵循日程表的安排，我们才能够胸有成竹地应对全天的工作和生活。

（2）急事、要事首先做，四象限划分时间

把我们需要做的事情，用轻重缓急来定义。先轻重，以自己的价值观为标准来定义这些事情，将它们分为重要和不重要两部分。然后再给所有的事情按照紧急程度分为紧急或不紧急两部分。最后，根据自己的看法给分好类的事件标上高、中、低三个等级。重要且紧急的事情需要尽快处理的，放在最优先的位置；重要但不紧急的事情可以暂缓，但要给予足够的重视；紧急但不重要的事情需要尽快处理，可以考虑是否能安排别人去做，有效利用人力资源；不重要也不紧急的事情也可以考虑能否不做，或者指派他人去做，或者延后考虑。

幸福智慧

《周易》里说：“夫大人者，与天地合其德，与日月合其明，与四时合其序，与鬼神合其吉凶。先天下而天弗违，后天而奉天时。天且弗违，而况于人乎？况于鬼神乎？”德才超众的圣人，会观察天地自然界的变化情况，使他的行动符合自然规律，做事注重人事伦理道德，并以此教化推广于天下。他会用心了解日月运行情况，以使他的行动符合光照规律；他会亲自了解四季变化情况，以使他的行动符合季节交替的规律；他会亲自体悟隐秘莫测玄妙的东西，来预判将来行动的吉凶。所以，每个人都应该观察、了解、融入、敬重大自然的变化运行规律，并且必须奉行它的法则。人生，没有那么多的惊天动地，只要用心去感受、拥抱大自然，心安于当下，活好每一天，守住每一天的好心情，远离每一次的坏情绪，让一颗心充实，丰盈，快乐，温柔。最好的人生意义，莫过于此。